［入門］

複素関数・フーリエ変換・ラプラス変換

建築工学への数学

西谷 章

鹿島出版会

はじめに

複素関数，フーリエ変換，ラプラス変換は，さまざまな工学分野で応用されている最もポピュラーな数学理論です。建築・土木・機械分野において，これらは，構造物の振動現象を解析するときの強力な「武器」「道具」となっています。また，応答制御システムの設計，制御効果を反映させた応答の性質の把握などでも，同様に強い「味方」となります。

建築分野に焦点をあてれば，超高層，免震構造，制震・制振構造の設計をはじめとして，いまや振動に関する知識と理解は不可欠となっています。ですから，建築構造設計者が，振動は苦手です，などと言えない時代になってきています。

振動現象の解析においては，時々刻々とその値が変化する「波」を扱います。どんな外力が作用するとどんな「波」が発生するのか，発生した「波」にはどんな「性格」「性質」が隠れているのか，「波」の前半と後半部分で「性格」は変わらないのか。このようなことを取り扱うのが振動解析，振動現象の分析ということになります。

いささか中身に踏み込んでしまうことになりますが（以下に述べる内容は本文の中できちんと触れます。ここでは〝さらっと〟読んでくれれば十分です），フーリエ変換，ラプラス変換は，時刻の変化とともに値が変化する「波」の中に隠れた，さまざまな周波数の sin 波・cos 波を探し出すツールです。言い換えれば，「波」を，複数の周波数の sin 波・cos 波に分解するためのツールです。どの周波数の sin 波あるいは cos 波がどのくらい大きな成分を持っているかを明らかにすることができます。

フーリエ変換，ラプラス変換は，さまざまな工学分野で頻繁に使われており，上でも触れた通り，工学分野でもっとも使用されている数学理論と言えるでしょう。

複素関数論は，これら 2 つの変換に数学的な裏付けを与えています。つまり，フーリエ変換，ラプラス変換を理解するには，複素関数の知識が不可欠なのです。もちろん，複素関数はこの両変換を支えるためだけにあるのではありません。複素関数の考え方は，単独でも，多くの工学分野に応用されていますし，また直接的に振動解析にも活用されています。

ですから，本書において，いまはやりの言葉で言えば，One-stop で，複素関数・フーリエ変換・ラプラス変換の 3 つに精通するための「勘所」を提供したつもりです。

これらの 3 つの数学理論は，振動にとどまらず，確率過程論，動的システム論，システム工学を学ぼうとするときの「基礎」ともなります。本書では，確率過程論・動的システム論の基本的な考え方について，それぞれ第 5 章，第 6 章で触れています。そして，デジタルデータの使用を前提とした「動的システム」を扱うための離散時間系の基本事項についても，第 7 章で触れています。

基本となる数学理論としての，複素関数・フーリエ変換・ラプラス変換に焦点をあてながら，応用としての確率過程論・動的システム論・離散時間系の基礎までをこの本一冊でカバーする構成となっています。

本書を通じて，複素関数・フーリエ変換・ラプラス変換の面白さに気づいてもらえるならば幸いです。

著　者

目　次

第 1 章　正則な複素関数

複素関数は複素数 $z=x+jy$ の関数です。

複素関数は w あるいは $f(z)$ と表示されます。

複素関数は，工学におけるさまざまな局面において，強力なツールとなります。

特に，正則な複素関数の性質は，のちに述べる Fourier 変換（フーリエ変換）・Laplace 変換（ラプラス変換）という積分変換の基礎を形成しています。この章では，正則な複素関数について述べます。

正則な複素関数には，いくつかの重要な性質があります。Fourier 変換・Laplace 変換を理解する，活用するという観点からは，これらの性質の「証明」ができなくても，性質を認識してさえおけば十分とも言えます。したがって，本章では，必ずしも厳密な証明をすべて提示しているわけではありません。

正則な複素関数には精通しているという読者は，本章を省いて次の章に飛んでもかまわないのですが，この章をおさらいしておくことで，複素関数・Fourier 変換・Laplace 変換が，いかに互いに関係しあっているかが把握しやすくなると思います。

1-1　正則な複素関数とは何か

本書では，虚数単位 $\sqrt{-1}$ を j と表示します。すると，複素数 $z=x+jy$ は，実部 x を横軸に，虚部 y を縦軸にとった複素平面上の 1 点を表します。この複素平面は，図 1-1 のように表されます。複素平面はまた，z-平面（z-plane）とも呼ばれます。

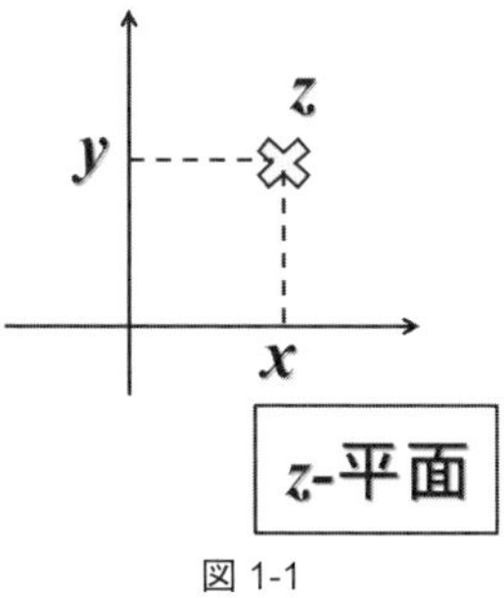

図 1-1

複素平面上の 1 点は複素数を表し，複素数を 1 つ選べば，複素平面上で 1 点が決まります。複素平面上の 1 点に対応させて，たとえば，z^2 を計算することができます。この場合

$$z^2=(x+jy)^2=x^2-y^2+j2xy$$

$$= (x^2 - y^2) + j(2xy)$$

と計算されるので，z^2 の〈実部〉は $x^2 - y^2$，〈虚部〉は $2xy$ となります。このようにして得られた新たな複素数が，「複素関数」(Complex Function) です。

この複素関数を w あるいは $f(z)$ と表し，複素関数の実部を u，虚部を v と表します。よって，複素関数は以下のように表示されます。

$$w = f(z) = u(x, y) + jv(x, y)$$

$w = f(z) = z^2$ の例では，

$$u(x, y) = x^2 - y^2 ; \ v(x, y) = 2xy$$

z を 1 つ与えたとき，複素関数の値が 1 つに定まるか否か（言い換えると，実部 u が 1 つ，虚部 v が 1 つだけ定まるか）によって，複素関数は「一価関数」であるか「多価関数」であるかに分かれます。$w = f(z) = z^2$ の場合は，実部が 1 つ，虚部が 1 つですので，一価関数です。

複素関数が w と表示されることから，複素関数を表す「複素平面」を「w-平面」(w-plane) とも呼びます。一価の複素関数であれば，w-平面上に 1 点が定まります。このような z-平面と w-平面の関係を表しているのが**図 1-2** です。

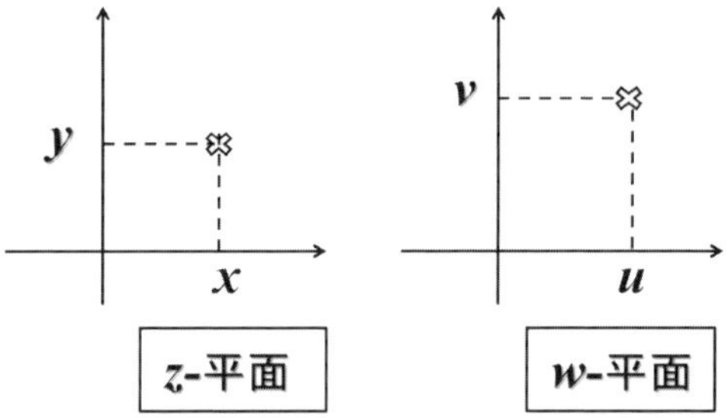

図 1-2

次に，正則な複素関数の概念と関連して，複素関数の微分を考えてみます。

実数関数 $f(x)$ の微分は，次のように定義されます。

$$\frac{df(x)}{dx} = \lim_{\Delta x \to 0} \frac{f(x + \Delta x) - f(x)}{\Delta x}$$

この定義をそのまま複素関数に拡張したのが「複素関数の微分」であり，以下のようになります。

$$\frac{df(z)}{dz}=\lim_{\Delta z\to 0}\frac{f(z+\Delta z)-f(z)}{\Delta z}$$

ただし，複素関数の場合には $\Delta z=\Delta x+j\Delta y$ ですので，**図 1-3** に示すように z-平面上において $\Delta z\to 0$ とする近づけ方は 360°方向すべてに存在します。$\Delta z\to 0$ の近づけ方にかかわらず，上の微分の定義が一定値に収束するとき「複素関数は微分可能である」と言います。

微分可能であれば近づけ方に依存しませんので，$\Delta z\to 0$ を，虚部 y を一定値として $\Delta x\to 0$ とする極限としても，実部 x を一定値として $j\Delta y\to 0$ とする極限としても，同一結果となる必要があります［**図 1-4**］。

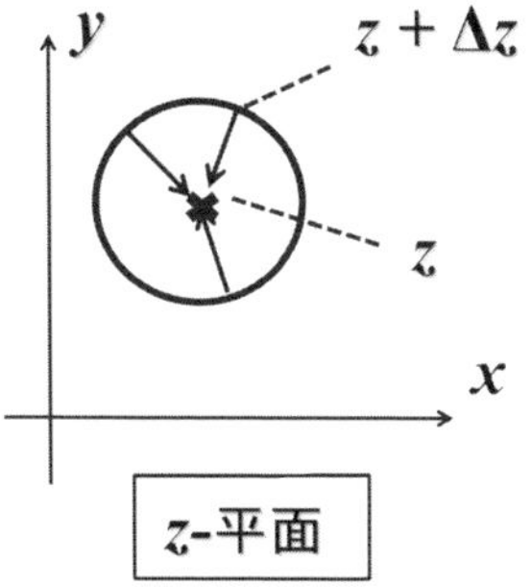

図 1-3

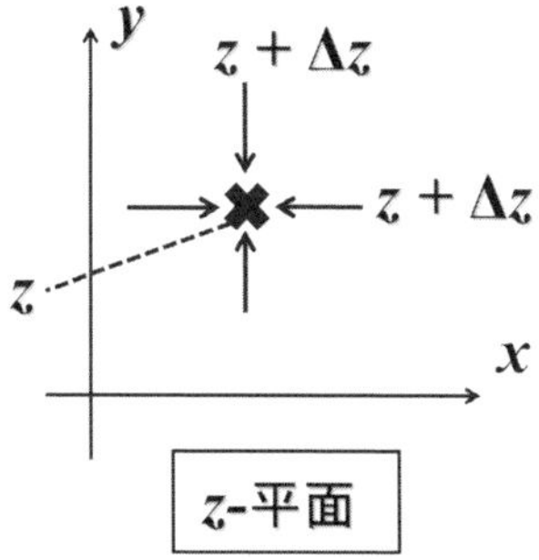

図 1-4

まず，虚部 y を一定値として $\Delta x\to 0$ とすれば，

$$\lim_{\Delta x\to 0}\frac{u(x+\Delta x,y)+jv(x+\Delta x,y)-u(x,y)-jv(x,y)}{\Delta x}$$

$$=\lim_{\Delta x\to 0}\frac{u(x+\Delta x,y)-u(x,y)+jv(x+\Delta x,y)-jv(x,y)}{\Delta x}$$

$$=\lim_{\Delta x\to 0}\frac{u(x+\Delta x,y)-u(x,y)}{\Delta x}+\lim_{\Delta x\to 0}\frac{j\{v(x+\Delta x,y)-v(x,y)\}}{\Delta x}$$

$$=\frac{\partial u(x,y)}{\partial x}+j\frac{\partial v(x,y)}{\partial x}=u_x+jv_x$$

上式において，添字表示は，添字に関する偏微分を意味しています。表記を簡潔にする目的で，複素関数においてはしばしば添字によって偏微分を表します。

次に，実部 x を一定値として $j\Delta y \to 0$ とすれば，

$$\lim_{\Delta y \to 0} \frac{u(x, y+\Delta y) + jv(x, y+\Delta y) - u(x, y) - jv(x, y)}{j\Delta y}$$

$$= \lim_{\Delta y \to 0} \frac{u(x, y+\Delta y) - u(x, y) + jv(x, y+\Delta y) - jv(x, y)}{j\Delta y}$$

$$= \lim_{\Delta y \to 0} \frac{u(x, y+\Delta y) - u(x, y)}{j\Delta y} + \lim_{\Delta y \to 0} \frac{j\{v(x, y+\Delta y) - v(x, y)\}}{j\Delta y}$$

$$= \frac{1}{j} \cdot \frac{\partial u(x, y)}{\partial y} + \frac{j}{j} \cdot \frac{\partial v(x, y)}{\partial y} = \frac{\partial v(x, y)}{\partial y} - j\,\frac{\partial u(x, y)}{\partial y} = v_y - ju_y$$

これで〈x に関する偏微分〉と〈y に関する偏微分〉を計算しました。〔いかなる方向から $\Delta z \to 0$ としても，微分結果は変わらない〕が，複素関数の微分が存在するための条件（微分可能の条件）です。よって，最低限，上の 2 つの偏微分が等しくないと微分可能とはなりません。2 つの偏微分はどちらも複素数です。複素数が等しくなるには，実部・虚部ともに等しくなければなりません。よって，

$$u_x + jv_x = v_y - ju_y \;\; \to \;\; u_x = v_y \;;\; v_x = -u_y$$

より具体的に書けば，

$$\frac{\partial u(x, y)}{\partial x} = \frac{\partial v(x, y)}{\partial y} \;;\; \frac{\partial v(x, y)}{\partial x} = -\,\frac{\partial u(x, y)}{\partial y}$$

となります。この条件を「Cauchy-Riemann の条件」（コーシー・リーマンの条件）と言います。Cauchy-Riemann の条件が成立しないとすると，z-平面上において〔y 軸（虚軸）に平行に $\Delta z \to 0$ としたときの微分〕と〔x 軸（実軸）に平行に $\Delta z \to 0$ としたときの微分〕が異なる値を持ち，微分は存在しないことになります。

ですから，〔Cauchy-Riemann の条件が成立しない〕と〔微分は存在しない〕つまり〔微分可能でない〕ことになります。微分が存在するには，〔Cauchy-Riemann の条件の成立〕が最低限必要な条件という事実は分かりました。つまり，〔微分が存在するならば，　Cauchy-Riemann の条件は成立する〕ことになります。

しかし，Cauchy-Riemann の条件は，単に，x 軸（実軸）に平行に $\Delta z \to 0$ としたときと，y 軸（虚軸）に平行に $\Delta z \to 0$ としたときの，微分結果の一致だけを保証する

のみで，任意の方向から $\Delta z \to 0$ としたときの微分がすべて同一となることを保証しているのか？　言い換えると〔Cauchy-Riemann の条件の成立〕→〔微分が存在する〕，となるのか？　という疑問がわくと思います。

答えを先に提示すれば，Cauchy-Riemann の条件が成立すると，必ず微分可能となります。その理由を以下に示します。

まず，2 つの実変数 x，y の実関数 $g(x,y)$ を考えます。この実関数の全微分は以下のように定義されます。

$$dg(x,y) = \frac{\partial g(x,y)}{\partial x}dx + \frac{\partial g(x,y)}{\partial y}dy = \frac{\partial g}{\partial x}dx + \frac{\partial g}{\partial y}dy$$

複素関数の実部 u，虚部 v はともに実変数 x，y の実関数ですので，実関数 u と実関数 v に全微分の定義をあてはめると，

$$du(x,y) = \frac{\partial u}{\partial x}dx + \frac{\partial u}{\partial y}dy$$

$$dv(x,y) = \frac{\partial v}{\partial x}dx + \frac{\partial v}{\partial y}dy$$

実関数の全微分の定義を複素関数に拡張すれば，複素関数 $w=f(z)$ の全微分は，

$$dw = df(z) = du + jdv = \left(\frac{\partial u}{\partial x}dx + \frac{\partial u}{\partial y}dy\right) + j\left(\frac{\partial v}{\partial x}dx + \frac{\partial v}{\partial y}dy\right)$$

$$\therefore df(z) = \frac{\partial u}{\partial x}dx + j\frac{\partial v}{\partial x}dx + \frac{\partial u}{\partial y}dy + j\frac{\partial v}{\partial y}dy$$

ここで Cauchy-Riemann の条件が成立していれば，右辺の 4 つの項の偏微分すべてを x の偏微分に書き直すことができ，

$$df(z) = \frac{\partial u}{\partial x}dx + j\frac{\partial v}{\partial x}dx - \frac{\partial v}{\partial x}dy + j\frac{\partial u}{\partial x}dy$$

$$\therefore df(z) = \frac{\partial u}{\partial x}(dx + jdy) + \frac{\partial v}{\partial x}(jdx - dy)$$

$$\therefore df(z) = \frac{\partial u}{\partial x}(dx + jdy) + j\frac{\partial v}{\partial x}(dx + jdy) = \left(\frac{\partial u}{\partial x} + j\frac{\partial v}{\partial x}\right)(dx + jdy)$$

となります。この式に $dz = dx + jdy$ をあてはめれば，

$$df(z) = \left(\frac{\partial u}{\partial x} + j\frac{\partial v}{\partial x}\right) dz$$

よって，

$$\frac{df(z)}{dz} = \frac{\partial u}{\partial x} + j\frac{\partial v}{\partial x} = \frac{\partial(u + jv)}{\partial x}$$

つまり，Cauchy-Riemann の条件を満たす複素関数においては，x に関する偏微分によって複素関数 $f(z)$ の微分（$f(z)$ の z に関する微分）が得られることが分かります。

Cauchy-Riemann の条件から，上の式は次のようにも変換できます。

$$\frac{df(z)}{dz} = \frac{\partial v}{\partial y} - j\frac{\partial u}{\partial y}$$

さらに変換して，

$$\frac{df(z)}{dz} = j\frac{\partial v}{\partial(jy)} + \frac{\partial u}{\partial(jy)} = \frac{\partial u}{\partial(jy)} + j\frac{\partial v}{\partial(jy)} = \frac{\partial(u + jv)}{\partial(jy)}$$

と表せば，jy に関する偏微分によって複素関数の z に関する微分を計算できることも分かります。

以上のように，Cauchy-Riemann の条件を満たせば，複素関数は微分可能であり，微分結果を，x に関する偏微分によって，あるいは jy に関する偏微分によって計算できるのです。

このような微分可能な複素関数を「正則な複素関数」あるいは「正則」と言います。

正則な複素関数は Cauchy-Riemann の条件を満たし，Cauchy-Riemann の条件を満たせば必ず正則な複素関数となります。

ただし，複素関数の正則性が，z-平面上の全領域で成立するとは限りません。z-平面上のある領域においてのみ，あるいは一部を除いた領域においてのみ正則性が満たされる場合には，領域を指定した上で正則である，と言います。

〔全領域で正則な複素関数の例〕と〔正則でない領域が存在する複素関数の例〕を挙げておきます。

【例 1】 $f(z) = z^2$　は正則か？

$$f(z) = z^2 = (x + jy)^2 = x^2 - y^2 + j2xy$$

$$\therefore u = x^2 - y^2, \qquad v = 2xy$$

よって，

$$u_x = \frac{\partial u}{\partial x} = 2x,\quad v_y = \frac{\partial v}{\partial y} = 2x$$

さらに，

$$v_x = \frac{\partial v}{\partial x} = 2y,\quad u_y = \frac{\partial u}{\partial y} = -2y$$

となるので，Cauchy-Riemann の条件を満たします。

この正則性は z-平面上の全領域で成立しています。

正則な複素関数の微分は，x による偏微分によって計算可能です。この例では，

$$\frac{df(z)}{dz} = f'(z) = u_x + jv_x = 2x + j2y = 2(x + jy) = 2z$$

となりますので，z を実数のように見なして微分した結果と一致することが分かります。言い換えれば，正則な複素関数の微分においては，あたかも z を実数のように扱えるのです。

$f(z) = z^k$（k は正の整数）であれば，必ず正則となります。また，$f(z) = (z + a)^k$（a は定数）も正則となります。

【例 2】 $f(z) = 1/z$　は正則か？

この複素関数は，$z = 0$ で∞に発散し連続となりませんので，$z = 0$ では微分可能にはなりません。

$z \neq 0$ を前提として，$f(z)$の実部・虚部を計算してみます。

$$f(z) = \frac{1}{z} = \frac{1}{x + jy} = \frac{x - jy}{x^2 + y^2} = \frac{x}{x^2 + y^2} + j\frac{-y}{x^2 + y^2}$$

$$\therefore u = \frac{x}{x^2 + y^2},\qquad v = \frac{-y}{x^2 + y^2}$$

よって，

$$u_x = \frac{\partial u}{\partial x} = \frac{x^2 + y^2 - 2x^2}{(x^2 + y^2)^2} = \frac{-x^2 + y^2}{(x^2 + y^2)^2}$$

$$v_y = \frac{\partial v}{\partial y} = \frac{-x^2 - y^2 + 2y^2}{(x^2 + y^2)^2} = \frac{-x^2 + y^2}{(x^2 + y^2)^2}$$

$$\therefore u_x = v_y$$

さらに同様に，

$$v_x = \frac{\partial v}{\partial x} = \frac{2xy}{(x^2+y^2)^2}\ ; \quad u_y = \frac{\partial u}{\partial y} = \frac{-2xy}{(x^2+y^2)^2}$$

$$\therefore v_x = -u_y$$

となるので，Cauchy-Riemann の条件を満たします。この正則性は，z-平面上の $z \neq 0$ において成立します。

正則が成立する領域内における複素関数の微分は，x による偏微分によって計算可能です。この例では，

$$\frac{df(z)}{dz} = f'(z) = u_x + jv_x = \frac{-x^2+y^2}{(x^2+y^2)^2} + j\frac{2xy}{(x^2+y^2)^2}$$

$$= \frac{(jx)^2+y^2+2(jx)y}{(x^2+y^2)^2} = \frac{(jx+y)^2}{(x^2+y^2)^2}$$

$$= \frac{-(x-jy)^2}{\{(x+jy)(x-jy)\}^2} = \frac{-1}{(x+jy)^2} = -z^{-2}$$

となりますので，z を実数のように見なして微分した結果とやはり一致します。この例からも，正則な複素関数においては，あたかも z を実数のように見なして微分できることが確認できます。

$f(z) = (z+a)^{-k}$（k：正の整数，a：定数）と表される複数関数は $z = -a$ を除く領域で正則となります。

1-2　正則な複素関数の積分

前の節において，正則な複素関数ならば微分可能であること，正則な複素関数の微分が，x に関する偏微分あるいは jy による偏微分によって，計算可能であることを述べました。さらに，x あるいは jy による偏微分の結果は，z を実数のように扱った微分結果に一致することも示しました。

この節では，正則な複素関数の積分を論じます。結論から述べれば，微分同様，経路に沿う積分においては，z を実数のように扱うことができます。

正則な複素関数の数ある性質の中では，積分の議論がもっとも手間がかかるのです

が，途中経過の議論がめんどうな方は，結論のみを了解して下さい。

複素関数に限りませんが，2 つの変数 x, y の関数の積分には，x-y 平面上で定義される，経路に沿う「線積分」と領域での「面積分」があります。

2 つの実変数 x，y からなる実関数 $g(x, y)$ の積分では，x と y からなる平面上において，**図 1-5** に示すような，経路 Γ に沿った積分が線積分，領域 A に関する積分が面積分です。積分結果が実部側の積分と虚部側の積分に分離されれば，それぞれの側の積分計算は実関数の積分になります。少し具体的に述べます。

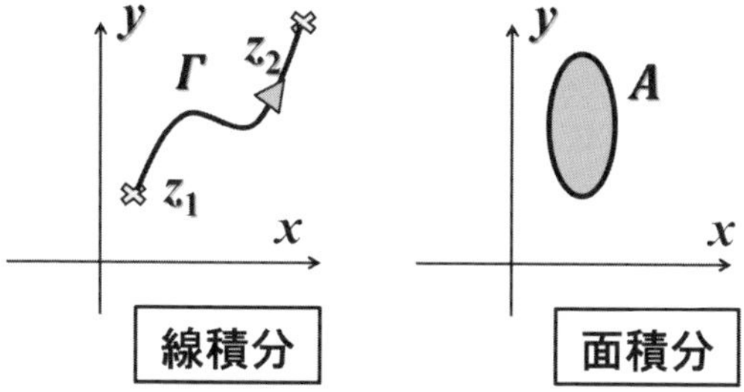

図 1-5

複素関数は複素数 z の関数ですので，線積分のための経路も面積分のための領域も，ともに z-平面上に設定されます。

たとえば，線積分は，以下のように表されます。

$$\int_{\Gamma} f(z)dz = \int_{\Gamma} \{u(x,y) + jv(x,y)\}(dx + jdy)$$

$$\therefore \int_{\Gamma} f(z)dz = \int_{\Gamma} [u(x,y)dx - v(x,y)dy] + j\int_{\Gamma} [u(x,y)dy + v(x,y)dx] \tag{1.2.1}$$

複素関数の実部 $u(x, y)$，虚部 $v(x, y)$ はともに実関数ですので，$u(x, y)$，$v(x, y)$ のそれぞれに関する線積分（実数関数の線積分）を x-y 平面上で行って，その積分結果を j を介して足し合わせることで複素関数の積分となることが分かります。

この状況で，u，v が正則な複素関数の実部，虚部にあたるとき，式(1.2.1)の実部が 0，虚部も 0 となることを示します。

まずは，複素関数論の教科書的な本として有名な，Churchill, Brown, Verhey の "Complex Variables and Applications" に示されている説明を挙げておきます。

実変数 x, y の実関数 $U(x, y)$ と $V(x, y)$ の偏微分が，領域 A においても，一周する経路 Γ においても存在するとき，

$$\int_{\Gamma} \{V(x,y)dx + U(x,y)dy\} = \iint_{A} \left\{\frac{\partial U(x,y)}{\partial x} - \frac{\partial V(x,y)}{\partial y}\right\} dxdy \qquad (1.2.2)$$

の関係があることが知られています。これを「Green の定理」（グリーンの定理）と呼びます。ここで，U と V が正則な複素関数の実部 u と虚部 v を表しているとすれば，

$$\int_{\Gamma} \{v(x,y)dx + u(x,y)dy\} = \iint_{A} \{u_x - v_y\} dxdy$$

となりますが，この式の右辺の{　}内は「Cauchy-Riemann の関係」から 0 です。よって，正則な複素関数であれば，以下のようになります。

$$\int_{\Gamma} \{v(x,y)dx + u(x,y)dy\} = 0 \qquad (1.2.3)$$

式(1.2.2)において，今度は，U と V が正則な複素関数の $-v$ と u にそれぞれ対応するものとします。この場合には，

$$\int_{\Gamma} \{u(x,y)dx - v(x,y)dy\} = \iint_{A} \{-v_x - u_y\} dxdy$$

$$\therefore \int_{\Gamma} \{u(x,y)dx - v(x,y)dy\} = -\iint_{A} \{v_x + u_y\} dxdy$$

この式の右辺は，Cauchy-Riemann の条件から 0 であり，

$$\int_{\Gamma} \{u(x,y)dx - v(x,y)dy\} = 0 \qquad (1.2.4)$$

が成立します。

先に示した式 (1.2.1) と見比べれば式 (1.2.4) は正則な複素関数の一周する経路に沿う積分の実部を表し，式(1.2.3) は正則な複素関数の一周する経路に沿う積分の虚部を表していますから，正則な複素関数の一周する経路に沿う積分は，

$$\int_{\Gamma} f(z)dz = 0$$

となります。

以上の「証明」では，「Green の定理」を前提としていますが，なじみのない読者も

多いでしょう。表実による『キーポイント 複素関数』においては，「Green の定理」を用いずに，同様の結果を導いています。この内容に沿った説明を示しておきます（より詳しくは参考文献にあげたこの表の著書を参照してください）。

まず，実関数 $\dfrac{\partial u}{\partial x}-\dfrac{\partial v}{\partial y}$ を面積分してみます。このとき u と v が正則な複素関数の実部と虚部に相当していれば，$\dfrac{\partial u}{\partial x}=\dfrac{\partial v}{\partial y}$ ですので，積分しても 0 です。面積分は，

$$\iint_A \left(\frac{\partial u}{\partial x}-\frac{\partial v}{\partial y}\right)dxdy = 0$$

A は，すでに示したように，**図 1-5** のような x-y 平面上の領域を表します。この積分は，

$$\iint_A \left(\frac{\partial u}{\partial x}dxdy-\frac{\partial v}{\partial y}dxdy\right)=\iint_A \frac{\partial u}{\partial x}dxdy-\iint_A \frac{\partial v}{\partial y}dydx$$

$$=\int\left(\int \frac{\partial u}{\partial x}dx\right)dy-\int\left(\int \frac{\partial v}{\partial y}dy\right)dx \quad (1.2.5)$$

となります。

式 (1.2.5) の第 1 項の積分をより具体的に書けば，

$$\int\left(\int_{x_A(y)}^{x_B(y)}\frac{\partial u(x,y)}{\partial x}dx\right)dy$$

カッコ内の積分は，y を一定値に設定したうえで x に関する線積分を行うことを意味しています。**図 1-6** を見ると分かるように，内部の積分は，ある 1 つの y に対して，積分範囲の境界にある左側の点 x_A (y) から右側の x_B (y) までの線積分を意味します。x_A と x_B の値は y によって変わりますので，y の関数となることを明確に示す意味で (y) をつけています。この線積分を y_1 から y_2 まで足し合わせれば，面積分となります。よって

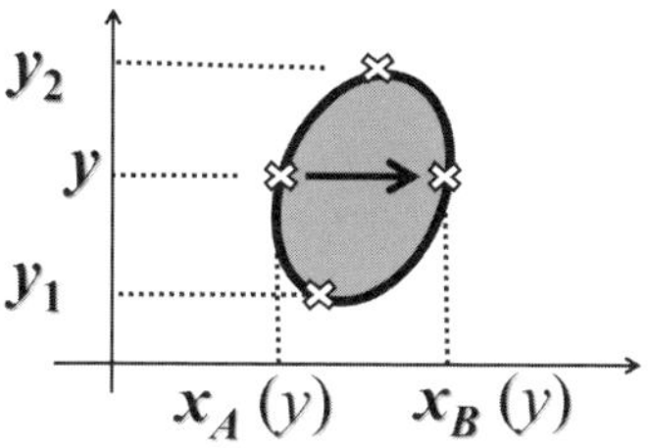

図 1-6

$$\int_{y_1}^{y_2}\left(\int_{x_A(y)}^{x_B(y)}\frac{\partial u(x,y)}{\partial x}dx\right)dy=\int_{y_1}^{y_2}\{u(x_B(y),y)-u(x_A(y),y)\}dy$$

$$=\int_{y_1}^{y_2}u(x_B(y),y)dy-\int_{y_1}^{y_2}u(x_A(y),y)dy$$

x_Bは積分領域の右側境界に沿う座標を表し，x_Aは左側境界の座標を表しますので，この式の第 1 項・第 2 項は，それぞれ，領域の右側・左側境界を下から上にたどる経路に沿った積分を意味しています。よって，第 1 項は反時計回り（左回り）の積分を，第 2 項は時計回り（右回り）の積分を表しています。

第 2 項の符号－を＋に変えれば，こちらも左回りの積分になって，上式は，

$$\int_{y_1}^{y_2} u(x_B(y), y)dy + \int_{y_2}^{y_1} u(x_A(y), y)dy$$

この 2 つの積分を合わせたものは，設定した領域の境界を左回りに一周する積分となるので，

$$\int_{y_1}^{y_2} \left(\int_{x_A(y)}^{x_B(y)} \frac{\partial u(x, y)}{\partial x} dx \right) dy = \oint u(x, y)dy \tag{1.2.6}$$

となります。

次に，式 (1.2.5)の積分の第 2 項，

$$-\int \left(\int \frac{\partial v}{\partial y} dy \right) dx$$

に対しても同様の計算を行います。今度は**図 1-7** のようにx_1, x_2, y_A, y_Bを決めます。

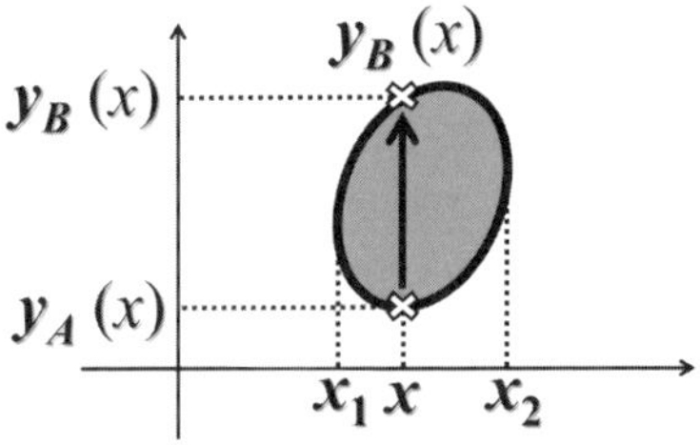

図 1-7

$$-\int_{x_1}^{x_2} \left(\int_{y_A(x)}^{y_B(x)} \frac{\partial v(x, y)}{\partial y} dy \right) dx = -\int_{x_1}^{x_2} v(x, y_B(x))dx + \int_{x_1}^{x_2} v(x, y_A(x))dx$$

この積分の右辺第 1 項は＜時計回りの経路に沿う積分＞にマイナスをつけたもの，第 2 項は＜反時計回りの経路に沿った積分＞を表します。第 1 項のマイナスをとって積分範囲の始点と終点を入れ替えれば，

$$\int_{x_2}^{x_1} v(x, y_B(x))dx + \int_{x_1}^{x_2} v(x, y_A(x))dx$$

となって，第 1 項・第 2 項ともに反時計回りの経路に沿った積分となるので，2 つを合わせると左回りの一周積分となります。よって，

$$-\int_{x_1}^{x_2}\left(\int_{y_A(x)}^{y_B(x)}\frac{\partial v(x,y)}{\partial y}dy\right)dx=\oint v(x,y)\,dx \tag{1.2.7}$$

先ほどの式(1.2.6)と合わせると，

$$\int_{y_1}^{y_2}\left(\int_{x_A}^{x_B}\frac{\partial u}{\partial x}dx\right)dy-\int_{x_1}^{x_2}\left(\int_{y_A}^{y_B}\frac{\partial v}{\partial y}dy\right)dx=\oint u(x,y)\,dy+\oint v(x,y)\,dx$$

結局，

$$\iint\ \left(\frac{\partial u}{\partial x}-\frac{\partial v}{\partial y}\right)dxdy=\oint\ \{u(x,y)dy+v(x,y)dx\}$$

上式左辺の積分の（ ）内は正則な複素関数であれば 0 ですから，積分しても 0 ですので，

$$\oint\ \{u(x,y)dy+v(x,y)dx\}\ =0$$

この結果は，本節冒頭で挙げた積分 (1.2.1) の虚部が 0 となることを表しています。

式 (1.2.1) の実部に関しても，

$$\iint_A\ \left(-\frac{\partial u}{\partial y}-\frac{\partial v}{\partial x}\right)dxdy$$

から出発して同様の経過をたどると，

$$\oint\ [u(x,y)\,dx-v(x,y)dy]=0$$

が得られます。実部・虚部ともに 0 となりますので，

$$\oint\ [u(x,y)\,dx-v(x,y)dy]+j\oint\ [u(x,y)\,dy+v(x,y)dx]=0$$

以上より，一周する経路に沿った正則な複素関数の積分は 0，となることが分かります。

〔正則性が成り立つ領域上で設定された一周する経路〕に沿った〈正則な複素関数の積分〉が 0 となることを，「**Cauchy-Goursat の積分定理**」と呼びます。単に，「**Cauchy の積分定理（コーシーの積分定理）**」と呼ばれることも多いので，本書ではこのように

呼称することとします。

ただし，一周する経路に沿った積分が 0 になっても，その経路の内部において被積分関数が必ずしも正則とは限りません。のちに，このような例を示します。

以上の議論を確認しておけば，正則な複素関数であれば，一周する経路に沿う積分が 0 になりました。一周する経路というのは，始点と終点の一致した経路と理解することができます。**図 1-8** のように，一致している始点と終点を z_A，経路の途中の点を z_C と表せば，

$$\oint f(z)dz = \int_{z_A}^{z_C} f(z)dz + \int_{z_C}^{z_A} f(z)dz = \int_{\Gamma 1} f(z)dz + \int_{\Gamma 2} f(z)dz = 0$$

よって，

$$\int_{\Gamma 1} f(z)dz = -\int_{\Gamma 2} f(z)dz$$

左辺は〔始点を z_A，終点を z_C〕とする〈Γ1 の左回りの経路〉に沿う積分を，右辺のマイナスを除いた部分は〔始点を z_C，終点を z_A〕とする〈Γ2 の左回りの経路〉に沿う積分を表しています。後者のマイナスをはずせば，始点と終点を入れ替えた〈Γ2 の右回りの経路〉に沿う積分となります。これは，左辺と始点・終点は同じですが，経路の異なる積分計算をしていることになります。よって，上式は，正則な複素関数の線積分においては，経路に無関係に，始点と終点のみによって積分結果が決まることを意味しています。つまり，正則な複素関数 $f(z)$ の

$$\int_{z_A}^{z_C} f(z)dz$$

において，z を実数のように見なして計算できるのです。

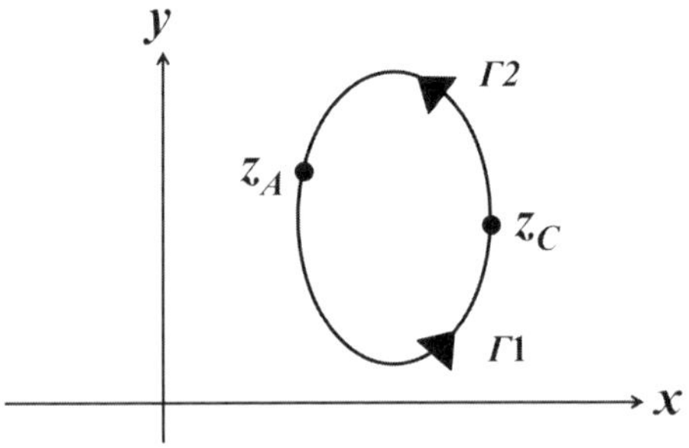

図 1-8

ここで，簡単な例題によって，正則な複素関数の積分の結果を確認しておきます。複素平面上で，始点が $z=-1$，終点が $z=j$ となる $f(z)=z$ の積分を考えてみます。**図 1-9(a)**に示すような経路を採用すると，この経路上では，$y=x+1$ と表されます。よって，$f(z)$ は

$$f(z)=x+jy=x+j(x+1)=(1+j)x+j$$

となり，x だけで表現できました。また，$dz=dx+jdy=dx+jdx=(1+j)dx$ となって，積分変数も x のみとなります。x は -1 から 0 まで変化するので，

$$\int_{\Gamma} zdz=\int_{-1}^{0}\{(1+j)x+j\}(1+j)dx$$

$$=(1-1+2j)\frac{0-1}{2}+(j-1)(0+1)=\frac{-2j+2j-2}{2}=-1$$

が得られました。

異なる経路，たとえば**図 1-9(b)**のような，まず y 軸に平行に上にのぼって，次に x 軸に平行に右に向かう経路を考えて積分計算を行っても，結果は同様になります。試してみて下さい。

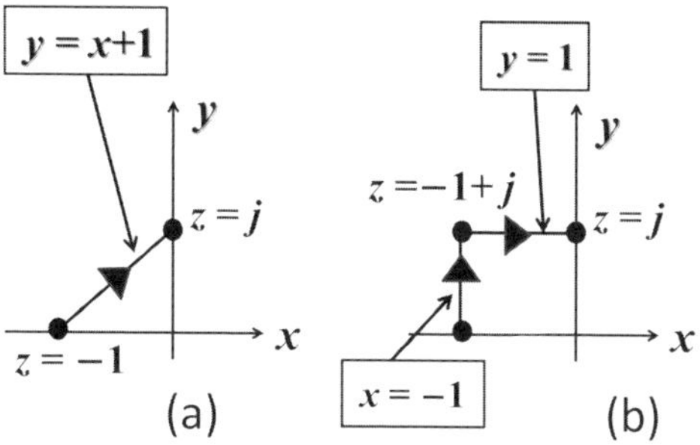

図 1-9

一方，z を実数のように見なして，始点と終点のみを使って積分してみると，

$$\int_{-1}^{j} zdz=\left[\frac{z^2}{2}\right]_{-1}^{j}=\frac{-1-1}{2}=-1$$

となります。〔z を実数のように見なして，始点と終点のみによって積分計算ができる〕ことが確認できました。

1-3　解析的とは何か ――正則な複素関数は解析的である

複素関数が z のべき乗に展開されうるとき,「複素関数は解析的である」と言います。

「べき乗に展開する」とは，以下のように表現することを言います。

$$f(z) = a_0 + a_1(z - z_0) + a_2(z - z_0)^2 + \cdots = \sum_{k=0}^{\infty} a_k (z - z_0)^k$$

このとき係数 a_0，a_1，a_2 …がどのように表されるのかを考えます。

べき乗展開できることを前提として，上式に $z = z_0$ を代入すれば,

$$f(z_0) = a_0 + a_1 \cdot 0 + a_2 \cdot 0 + \cdots = a_0$$

したがって,

$$f(z) = f(z_0) \ + a_1(z - z_0) + a_2(z - z_0)^2 + \cdots$$

となります。

べき乗に展開できるとすれば, 正則な複素関数を足し合わせたものとなりますので, $z = z_0$ において $f(z)$ は微分可能となりますから，z を実数のように見なして微分することができ，1 階微分は,

$$\frac{df(z)}{dz} = f'(z) = a_1 + 2a_2(z - z_0) + 3a_3(z - z_0)^2 + \cdots$$

上式に $z = z_0$ を代入すれば,

$$\frac{df(z_0)}{dz} = f'(z_0) = a_1$$

よって,

$$f(z) = f(z_0) + f'(z_0)(z - z_0) + a_2(z - z_0)^2 + \cdots$$

この式を 2 階微分すると,

$$f''(z) = 2a_2 + 3 \cdot 2a_2(z - z_0) + \cdots$$

ここに $z = z_0$ を代入すれば,

$$a_2 = \frac{f''(z_0)}{2}$$

となります。同様な手順を繰り返すと,

$$a_3 = \frac{f'''(z_0)}{3!}, \qquad a_4 = \frac{f^{(4)}(z_0)}{4!}, \qquad \cdots\cdots \quad a_k = \frac{f^{(k)}(z_0)}{k!}$$

が得られます。したがって，べき乗に展開されたときの係数は微分で表現でき，

$$f(z) = f(z_0) + \frac{f'(z_0)}{1!}(z - z_0) + \frac{f''(z_0)}{2!}(z - z_0)^2 + \cdots = \sum_{k=0}^{\infty} \frac{f^{(k)}(z_0)}{k!}(z - z_0)^k$$

と展開されます（ただし，$0! = 1$ です）。これを「**Taylor 展開**」（テイラー展開）といいます。正則な複素関数はべき乗展開でき，べき乗展開できることを「解析的である (analytic)」と言います。

1-4　経路内部に特異点を含む一周する経路に沿う積分 ―― Cauchy の積分公式

正則を不成立にする複素平面上の点を「**特異点**」と呼びます。

一例を挙げれば，複素関数 $f(z) = 1/z$ の特異点は，$z = 0$ です。

すでに述べたように，複素関数を〔正則が成立する領域内に設けた一周する経路〕に沿って積分すると 0 になります（Cauchy の積分定理）。繰り返しますが，「経路」は正則の成立する領域内にあるので，経路の内部にも，経路上にも，特異点はありません。ですから，Cauchy の積分定理を，以下のように言い換えることもできます。

「一周する経路に沿う複素関数の積分を考えるとき，経路上にも経路内部にも特異点をもたなければ，この積分は 0 となる」

では，経路内部に特異点を含んでいるとしたら，複素関数の積分はどうなるのか？これが本節の議論です。

この議論の準備のために，まず〔z_0 を中心とする半径 r の円〕R を考えます。この円の式は

$$z = z_0 + re^{j\theta}$$

となり，θ が 0～2π まで変化すれば**図 1-10** のように左回りに一周する円となります。

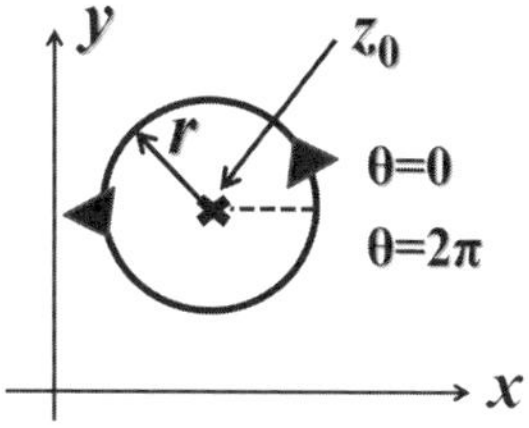

図 1-10

このような経路 R に沿う，複素関数の積分において，

$$\int_R f(z)\,dz = \int_0^{2\pi} f\left(z_0 + re^{j\theta}\right)d\left(re^{j\theta}\right) = \int_0^{2\pi} f\left(z_0 + re^{j\theta}\right)re^{j\theta}jd\theta$$

のように，積分変数を z から θ に変換します。

ここで，$f(z)=1/(z-z_0)$ であるとすると（円の経路の中心に特異点を持つことになります），経路上の座標は $z=z_0+r\exp(j\theta)$ですので，上の積分は，

$$\int_0^{2\pi} f\left(z_0 + re^{j\theta}\right)re^{j\theta}jd\theta$$

$$= \int_0^{2\pi} \frac{1}{z_0 + re^{j\theta} - z_0} re^{j\theta}jd\theta = j\int_0^{2\pi} \frac{re^{j\theta}}{re^{j\theta}}d\theta = j\int_0^{2\pi} d\theta = 2\pi j$$

となります。当然ですが，経路の内部に正則でない点（つまり特異点）を含むので，積分結果は0にはなりません。

では，より一般的に，〔全領域で正則な複素関数〕$f(z)$ を $z-z_0$ で割った新たな関数を，同様な円の経路に沿って積分してみます。

$f(z)$は正則ですので，以下のように$z-z_0$のべき乗に展開できます。

$$f(z) = f(z_0) + \frac{f'(z_0)}{1!}(z - z_0) + \frac{f''(z_0)}{2!}(z - z_0)^2 + \cdots = \sum_{k=0}^{\infty} \frac{f^{(k)}(z_0)}{k!}(z - z_0)^k$$

これを$z-z_0$で割ります。

$$\frac{f(z)}{z - z_0} = \frac{f(z_0)}{z - z_0} + \frac{f'(z_0)}{1!} + \frac{f''(z_0)}{2!}(z - z_0) + \frac{f'''(z_0)}{3!}(z - z_0)^2 + \cdots$$

右辺の第2項以降はすべて正則ですので，第2項以降の積分は0となります。よって，〔内部にz_0をもつ円〕の経路に沿う積分の，積分変数を次のようにθに変換すると，

$$\int_R \frac{f(z)}{z - z_0}dz = \int_0^{2\pi} \frac{f(z_0)}{re^{j\theta}}\ re^{j\theta}jd\theta = jf(z_0)\int_0^{2\pi} d\theta$$

となり，最終結果は$2\pi j f(z_0)$ となります。つまり，

$$\int_R \frac{f(z)}{z - z_0}dz = 2\pi jf(z_0) \quad \therefore\ \frac{1}{2\pi j}\int_R \frac{f(z)}{z - z_0}dz = f(z_0)$$

ということが分かります。被積分関数の分子に特異点となるz_0を代入すると，積分結果が得られるのです。

次に経路を円でなく，任意の形状のスムースな経路に拡張してみます。

この時には，**図 1-11** に示すように，経路内部にさらに特異点 z_0 を中心とする円の経路を設定します。「大きな経路」を左回りに動くものします。ここで，経路上の一点から出発して〔y 座標が $z=z_0$ と一致する位置〕に来たとき（ここまでの経路を $\Gamma1$ と名付けます），そこから左に向かって動くものとします（この左に向かって動く直線の経路を $\Gamma 2$ と名付けておきます）。そして，「小さな円の経路」に到達したならば〔円の経路〕を右回りに回るものとします（つまり θ は 0 から -2π まで変化します。この右回りの円の経路を $\Gamma 3$ と名付けます）。一周したならば，今度は右に向かってもとの〔y 座標が $z=z_0$ と一致する点〕に戻って（この直線の経路を $\Gamma4$ とします），「大きな経路」をもとの出発点の位置まで戻るようにして一周を完結させます（この経路を $\Gamma5$ とします）。

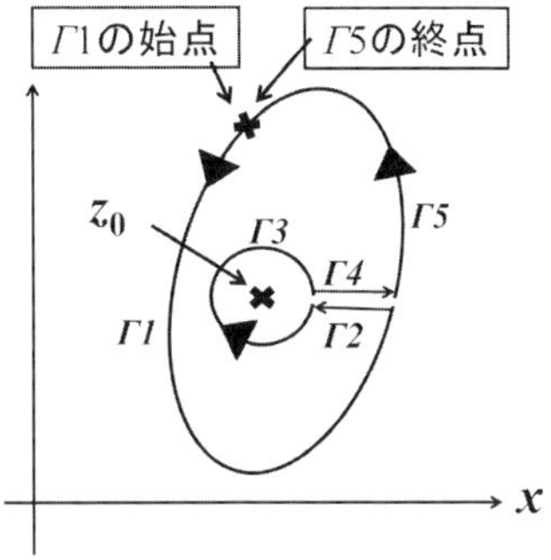

図 1-11

以上で，積分経路は $\Gamma1+\Gamma2+\Gamma3+\Gamma4+\Gamma5$ と表されたことになります。ここで，$\Gamma4$ が $\Gamma 2$ のほんのわずかだけ上に位置するものと考えれば，経路 $\Gamma1+\Gamma2+\Gamma3+\Gamma4+\Gamma5$ は特異点を避けるように一周する経路であり

$$\frac{1}{2\pi j}\int_{\Gamma1+\Gamma2+\Gamma3+\Gamma4+\Gamma5}\frac{f(z)}{z-z_0}dz=0$$

となります。この場合，一周する経路上にも，経路内部にも被積分関数の特異点は存在しないからです。

$\Gamma 2$, $\Gamma4$ が極限まで互いに近づけば，この両経路上では被積分関数は正則ですから，始点と終点が逆の経路である $\Gamma 2$，$\Gamma4$ に沿った積分はプラスマイナス反対の結果となるので，互いにキャンセルされてしまいます。その結果，上の積分は次のようになります。

$$\frac{1}{2\pi j}\int_{\Gamma1+\Gamma3+\Gamma5}\frac{f(z)}{z-z_0}dz=0$$

これは，$\Gamma1+\Gamma5$ という大きな経路（左回り）と $\Gamma 3$ という小さな円の経路（右回り）に関して積分したものの足し合わせを意味しています。よって，

$$\frac{1}{2\pi j}\int_{\Gamma1+\Gamma5}\frac{f(z)}{z-z_0}dz+\frac{1}{2\pi j}\int_{\Gamma3}\frac{f(z)}{z-z_0}dz=0$$

$$\therefore\ \frac{1}{2\pi j}\int_{\Gamma 1+\Gamma 5}\frac{f(z)}{z-z_0}dz=-\frac{1}{2\pi j}\int_{\Gamma 3}\frac{f(z)}{z-z_0}dz$$

上式の右辺では，〔右回りの積分〕にマイナスがついています。これは，〔左回りの積分〕を行ったのと同様な結果となります。すでに示したように，円に沿って左回りに $f(z)/(z-z_0)$ を積分すると $f(z_0)$ となりますから，結局，

$$\frac{1}{2\pi j}\int_{\Gamma 1+\Gamma 5}\frac{f(z)}{z-z_0}dz=f(z_0)$$

$\Gamma 1+\Gamma 5$ は，本来の，一周する経路を表しています。

この，〔内部に特異点を持つ一周する経路に沿う積分〕の結果を表すのが，「**Cauchy の積分公式**」（コーシーの積分公式）です。

次に，今度は，正則な複素関数をべき乗展開した結果を $(z-z_0)^2$ で割ってみます。

$$\frac{f(z)}{(z-z_0)^2}=\frac{f(z_0)}{(z-z_0)^2}+\frac{f'(z_0)}{1!\,(z-z_0)}+\frac{f''(z_0)}{2!}+\cdots$$

このとき右辺第 3 項以降は正則ですので，z_0 を中心とする円の経路 R に沿った積分は次のようになります。

$$\int_R\frac{f(z)}{(z-z_0)^2}dz=\int_R\frac{f(z_0)}{(z-z_0)^2}dz+\frac{1}{1!}\int_R\frac{f'(z_0)}{z-z_0}dz$$

$f(z_0)$ および $f'(z_0)$ は定数ですので積分の外に出せば，

$$\int_R\frac{f(z)}{(z-z_0)^2}dz=f(z_0)\int_R\frac{1}{(z-z_0)^2}dz+\frac{f'(z_0)}{1!}\int_R\frac{1}{z-z_0}dz$$

右辺第 1 項の積分において積分変数を z から θ に替えて計算します。

$$\int_R\frac{1}{(z-z_0)^2}dz=\int_0^{2\pi}\frac{1}{r^2e^{2j\theta}}jre^{j\theta}d\theta=\int_0^{2\pi}\frac{j}{re^{j\theta}}d\theta=\frac{j}{r}\int_0^{2\pi}e^{-j\theta}d\theta$$

さらに，

$$\frac{j}{r}\int_0^{2\pi}e^{-j\theta}d\theta=\frac{j}{-jr}\left[e^{-j2\pi}-e^0\right]=0$$

となって消えます。この結果は，〔内部に特異点を含むような一周経路〕に沿う積分が 0 になりうる，という事実を示しています。つまり，〔内部に特異点をもたない一周経路に沿う複素関数の積分（正則な複素関数の一周経路に沿う積分）は 0 になる〕は必ず成立するが，〔一周経路に沿った積分が 0 であっても，被積分関数である複素関数が

正則とは限らない〕ことを示しています。

本題に戻れば,

$$\int_R \frac{f(z)}{(z-z_0)^2}dz = f(z_0)\int_R \frac{1}{(z-z_0)^2}dz + \frac{f'(z_0)}{1!}\int_R \frac{1}{z-z_0}dz$$

は,

$$\frac{f'(z_0)}{1!}\int_R \frac{1}{z-z_0}dz$$

だけが残ります。この積分部分（係数を除いた積分部分）は $2\pi j$ ですので,

$$\int_R \frac{f(z)}{(z-z_0)^2}dz = \frac{2\pi j}{1!}f'(z_0)$$

に行きつきます。よって,

$$\frac{1}{2\pi j}\int_R \frac{f(z)}{(z-z_0)^2}dz = \frac{1}{1!}f'(z_0)$$

この手順を繰り返すと,

$$\frac{1}{2\pi j}\int_R \frac{f(z)}{(z-z_0)^k}dz = \frac{1}{(k-1)!}f^{(k-1)}(z_0)$$

が得られます。

よって，正則な複素関数 $f(z)$ の，内部に z_0 を含む任意のスムースな一周経路 Γ に沿う積分は,

$$\frac{1}{2\pi j}\int_\Gamma \frac{f(z)}{(z-z_0)^k}dz = \frac{1}{(k-1)!}f^{(k-1)}(z_0)$$

となります。

1-5　正則な複素関数のまとめ

以上の議論から，以下のことが分かりました。

Ⅰ. 正則な複素関数は微分可能である。

Ⅱ. 正則な複素関数は Cauchy-Rieman の条件を満たし，Cauchy-Rieman の条件を満たせば正則である。

Ⅲ. 正則な複素関数を一周する経路に沿って積分すると 0 となる。この性質を

「Cauchy の積分定理」と呼ぶ。

Ⅳ．正則な複素関数は解析的である。また，解析的であれば正則である。

Ⅴ．正則な複素関数の積分に対して，「Cauchy の積分公式」が成り立つ。

注意する必要があるのはⅢです。

〔正則な複素関数を被積分関数とする，複素平面上で一周する経路に沿う積分〕

→〔結果は 0〕

となりますが，

〔複素平面上の一周する経路に沿う，複素関数の積分が 0〕

→〔被積分関数となっている複素関数は正則〕

とは限りません。Ⅲは「逆は必ずしも真ならず」となっています。

第 2 章　Fourier 変換と Laplace 変換の理解に向けた準備

Fourier変換とLaplace変換はともに,周波数領域上の情報を得るためのツールです。両変換ともに，数学的には「**積分変換**」と呼ばれる大きな枠組みの中に位置づけられます。

Fourier 変換と Laplace 変換はどちらも，時間領域上のデータ（時刻歴データ）を積分して周波数領域上のデータに変換するものです。ときに，Fourier 積分，Laplace 積分のように呼ばれることもあります。この章では，Fourier 変換と Laplace 変換のための「準備」として，sin と cos の積分について述べてから，Unit Step 関数（ユニットステップ関数）と Delta 関数（デルタ関数）について論じます。

2-1　sin の積分と cos の積分

$x(t)$の Laplace 変換，Fourier 変換はそれぞれ次のように定義されます。

Laplace 変換：$\int_0^{\infty} x(t)e^{-st}dt$

Fourier 変換：$\int_{-\infty}^{\infty} x(t)e^{-j\omega t}dt$

時刻 t の関数 $x(t)$ に,s を複素数とする $\exp(-st)$ を乗じて積分するのが Laplace 変換,ω を実数とする $\exp(-j\omega t)$ を乗じて積分するのが Fourier 変換です。

Laplace 変換において――詳しくはのちに Laplace 変換の第 4 章で述べますが―― s は複素数を表します。ですから,複素関数論のときの記号 z を用いてもよいのですが,慣例的に s が使われます。そして,本書では(そして Fourier 変換との関係も考慮して) s の実部に記号 σ を，虚部に記号 ω をあてます。つまり，$s = \sigma + j\omega$ です。したがって，θ を実数とするとき，Euler の公式（オイラーの公式）

$$e^{\pm j\theta} = \cos\theta \pm j\sin\theta$$

から,

$$e^{-st} = e^{-\sigma t} e^{-j\omega t} = e^{-\sigma t}(\cos\omega t - j\sin\omega t)$$

となります。

つまり，Fourier 変換においても，また Laplace 変換においても，exp $(-j\omega t)$ が積分中に含まれることになります。exp $(-j\omega t) = \cos\omega t - j\sin\omega t$ ですので，$\cos\omega t$，$\sin\omega t$ の積分が重要な役割を果たします。そこで，まず $\cos\omega t$，$\sin\omega t$ を積分したときの性質を整理しておきます。

$\sin\omega t$ は，振動数 ω で 1 と−1 の間を往復する関数です。振動数 ω を 2π で割ると，周波数 f となります。1 回転は 2π ラジアン（360°）ですので，ω は単位時間内に何ラジアン回転するかを表し，f は何回転したかを表します。ω でなく周波数 f を用いて，$\sin 2\pi ft$ と書くこともできます。これは $\cos\omega t$ についても同様です。

また，sin，cos ともに 1 周期分積分すると 0 になります。1 周期の範囲では，プラス側の面積とマイナス側の面積が同じ量となるからです。よって，ちょうど整数個分の周期がぴったりと入るような積分区間を設定すれば，積分は必ず 0 となります。

では，積分区間を $t = -\infty$〜∞ とする次の積分はどうなるでしょう？

$$\int_{-\infty}^{\infty} \sin\omega t\, dt;\ \int_{-\infty}^{\infty} \cos\omega t\, dt$$

この$-\infty$から$+\infty$という積分区間を，k を自然数，周期を L として，

$$\int_{-\infty}^{\infty} \sin\omega t\, dt = \lim_{k\to\infty} \int_{-kL}^{kL} \sin\omega t\, dt;\ \int_{-\infty}^{\infty} \cos\omega t\, dt = \lim_{k\to\infty} \int_{-kL}^{kL} \cos\omega t\, dt$$

を意味する，と考えることにします。このように考えれば，$-\infty$ から $+\infty$ という積分区間の中に，〈ちょうど整数個の周期〉が存在することになって，積分は 0 となります。

$$\int_{-\infty}^{\infty} \sin\omega t\, dt = 0;\ \int_{-\infty}^{\infty} \cos\omega t\, dt = 0$$

次に，$t = 0$〜$+\infty$の積分範囲を考えてみます。

cos は t に関して偶関数ですので，以下のようにできます。

$$0 = \int_{-\infty}^{\infty} \cos\omega t\, dt = 2\int_{0}^{\infty} \cos\omega t dt\ \therefore \int_{0}^{\infty} \cos\omega t dt = 0$$

上の関係において最後の式は，$\omega \neq 0$ であれば，

$$\int_{0}^{\infty} \cos\omega t dt = \frac{1}{\omega}\{\sin(\infty) - \sin(0)\}$$

と計算されるはずです。sin(0) = 0 ですから，sin(∞) = 0 と見なしておかないと上の結果に到達できないことが分かります。

cos に関しても同様で，cos(∞) = 0 と見なすことにします。

cos(∞) = 0 を使うと，sin の 0〜∞までの積分は，

$$\int_0^\infty \sin\omega t dt = \frac{1}{\omega}\{-\cos(\infty) + \cos(0)\} = \frac{-0+1}{\omega} = \frac{1}{\omega}$$

となります。これは次のように理解することもできます。sin の積分を，はじめの 1/4 周期分の積分範囲とそれ以外に分離します。

$$\int_0^\infty \sin\omega t dt = \int_0^{L/4} \sin\omega t\, dt + \int_{L/4}^\infty \sin\omega t dt$$

上式の右辺第 2 項の積分は，

$$\int_{L/4}^\infty \sin\omega t dt = \int_{L/4}^\infty \cos\left(\omega[t - \frac{L}{4}]\right) dt = \int_0^\infty \cos\omega\eta\, d\eta = 0$$

のように 0 となりますので，0〜$L/4$ の範囲の積分を表す第 1 項のみが残ります。この第 1 項の積分に関して，$L=2\pi/\omega$ を考慮すると，

$$\int_0^\infty \sin\omega t dt = \int_0^{L/4} \sin\omega t dt = \frac{1}{\omega}\left\{-\cos\left(\omega\cdot\frac{2\pi}{4\omega}\right) + \cos(0)\right\}$$

$$= \frac{1}{\omega}\left\{-\cos\left(\frac{\pi}{2}\right) + 1\right\} = \frac{1}{\omega}$$

であり，はじめの (1/4) 周期分の積分結果と一致することが分かります。

確認のため繰り返しておけば，

$$\cos(\infty) = 0;\ \sin(\infty) = 0$$

と見なすことで，無限大の範囲を積分区間とする結果を導くことができます。

さらには，cos は偶関数，sin は奇関数ですので，

$$\cos(-\infty) = \cos(\infty) = 0 \qquad \therefore \cos(\pm\infty) = 0$$

$$\sin(-\infty) = -\sin(\infty) = 0 \qquad \therefore \sin(\pm\infty) = 0$$

となります。

Euler の公式から，

$$e^{\pm j\omega t} = \cos(\omega t) \pm j\sin(\omega t)$$

ですので，

$$e^{\pm j\infty} = \cos(\infty) \pm j\sin(\infty) = 0 \pm j0 = 0$$

よって，$\omega=0$ でない限り，

$$\int_{-\infty}^{\infty} e^{\pm j\omega t}dt = \int_{-\infty}^{\infty} \cos\omega t dt \pm j\int_{-\infty}^{\infty} \sin\omega t dt = 0 \pm j0 = 0$$

となります。また，これも ω=0 でない限りという条件が付きますが，

$$\int_{0}^{\infty} e^{\pm j\omega t}dt = \int_{0}^{\infty} \cos\omega t dt \pm j\int_{0}^{\infty} \sin\omega t dt = 0 \mp j\frac{1}{\omega} = \pm\frac{1}{j\omega}$$

では，ω=0 のときはどうなるか？　この場合 t に無関係に $\exp(\pm j\cdot 0) = 1$ ですので，

$$\int_{-\infty}^{\infty} e^{\pm j\cdot 0}dt = \int_{-\infty}^{\infty} 1\, dt$$

明らかにこの積分結果は発散して ∞ になってしまいます。が，この状況を扱える「関数」を次に議論します。

2-2　Unit Step 関数と Delta 関数

前節の最後で扱った

$$\int_{-\infty}^{\infty} e^{\pm j\omega t}dt = \int_{-\infty}^{\infty} \cos\omega t dt \pm j\int_{-\infty}^{\infty} \sin\omega t dt$$

は, $\omega=0$ であるかないかによって, 結果が∞ か 0 かという大きな違いがありました。このような場合分けをしないですむように，$\omega\neq 0$ では 0 となるが，$\omega=0$ では ∞ となるような関数をここで導入します。

それが「**Dirac's Delta 関数**」(ディラックのデルタ関数) です。しばしば単に Delta 関数と呼ばれます。Delta 関数を，$\delta(\omega)$と表記すると，場合分けを行わずに，

$$\int_{-\infty}^{\infty} e^{\pm j\omega t}dt = 2\pi\delta(\omega) \tag{2.2.1}$$

と書くことができます。Delta 関数，$\delta(\omega)$，は ( ) 内の変数が 0 以外なら 0，0 のときに限って∞，という性質をもちます。係数 2π がかかる意味・意義については，次の第 3 章 Fourier 変換の基本のところで明らかとなります。この段階ではひとまずこのまま受け入れておいてください。

Delta 関数はまた，次に示す「**Unit Step 関数**」(単位ステップ関数) の微分によっても定義できます。

Unit Step 関数を **1**(t)と表示します。この関数は図 2-1 のように,

$$\mathbf{1}(t) = \begin{cases} 1, & t > 0 \\ 0, & t < 0 \end{cases}$$

を意味します。

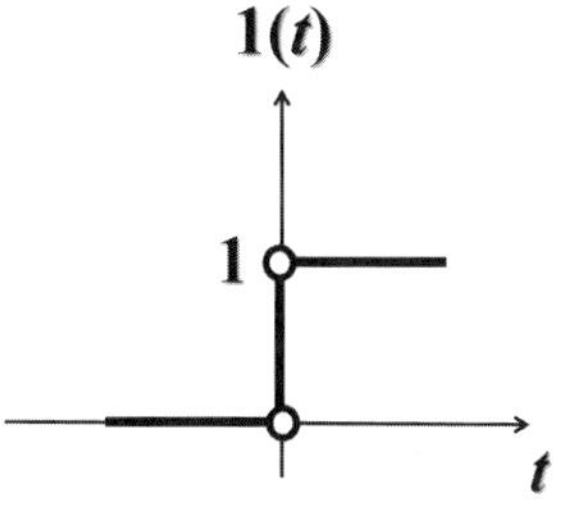

図 2-1

1(t)は, $t = 0$ のときに 0 から 1 にジャンプしますので, $t = 0$ では 0 と 1 の間のどこかにありますが特定はできません。

Delta 関数は, この Unit Step 関数の微分となります。よって, 次のように書くことができます。

$$\delta(t) = \frac{d\mathbf{1}(t)}{dt}$$

微分は〈傾き〉を表しますから, **1**(t)は, $t=0$ において時間幅 0 の間で 0 から 1 にジャンプするときの傾きとなって, ∞ となります。

微分と積分は相互の関係ですので, $\delta(t)$の積分は〔Unit Step 関数〕**1**(t) となる必要があります。よって

$$\int_{-\infty}^{t} \delta(\eta) d\eta = \mathbf{1}(t)$$

$t > 0$ ならば **1**(t) は 1 です。つまり $\delta(t)$ は $t = 0$ において ∞ になりますが, 積分すると 1 になるという性質をもっています。

ここで, Unit Step 関数を図 2-2(a)のように, $t = 0-(\Delta/2)$ において 0 から 1 に向かい始めて, $t = 0+(\Delta/2)$ で 1 に到達するように近似してみます。この, 対応する〔Delta 関数の近似〕は 図 2-2(b)のようになります。つまり, $t =-(\Delta/2) \sim +(\Delta/2)$ の間では, 傾きは $1/\Delta$ で一定値を取り続けます。これが図 2-2(b)の〔Delta 関数の近似〕です。

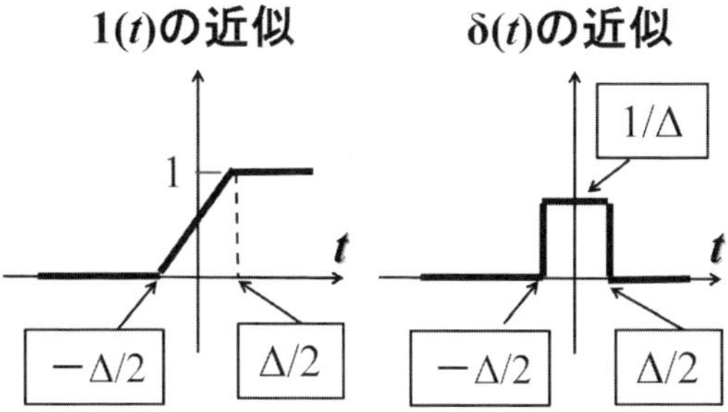

(a)　図 2-2　(b)

この状況で，Δ を 0 に近づければ，傾きは ∞ に近づいていきます。また，Δ という区間幅で 1/Δ の値をもつ関数を積分すれば，積分結果は 1 です。Δ→0 とした極限でも，Delta 関数の積分は 1 となります。

より一般化した Unit Step 関数，Delta 関数はそれぞれ次のように表示されます：

$$\mathbf{1}(t-t_0),\quad \delta(t-t_0)$$

前者は $t=t_0$ において 0 から 1 にジャンプし，以降は 1 という値を維持します。後者は $t=t_0$ では ∞，$t\neq t_0$ では 0 となります。両者の間には以下の関係があります。

$$\frac{d\mathbf{1}(t-t_0)}{dt}=\delta(t-t_0);\quad \int_{-\infty}^{t}\delta(\eta-t_0)d\eta=\mathbf{1}(t-t_0)$$

ここで，Delta 関数を含む積分における重要な性質を述べておきます。

それは，

$$\int_{-\infty}^{\infty}g(t)\delta(t-\tau)dt=g(\tau)$$

です。Δ を微小量として，

図 2-3 のように，$\delta(t-\tau)$ を

$$\delta(t-\tau)\cong\begin{cases}\dfrac{1}{\Delta}, & \tau-\dfrac{\Delta}{2}<t<\tau+\dfrac{\Delta}{2}\\[2ex] 0, & \text{上記以外}\end{cases}$$

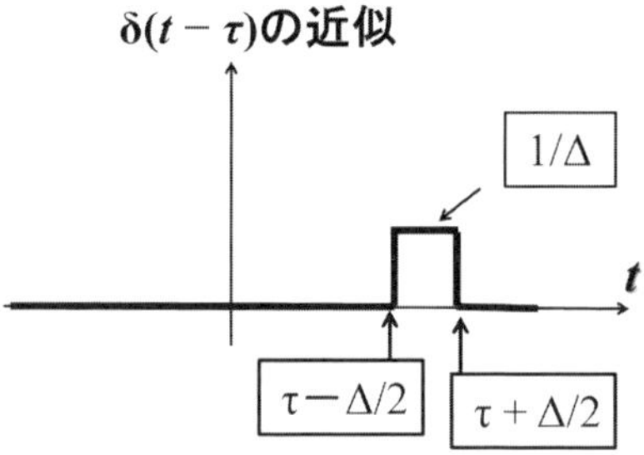

図 2-3

と近似すれば，

$$\int_{-\infty}^{\infty}g(t)\delta(t-\tau)dt\cong\int_{\tau-\frac{\Delta}{2}}^{\tau+\frac{\Delta}{2}}g(t)\frac{1}{\Delta}dt=\frac{1}{\Delta}\int_{\tau-\frac{\Delta}{2}}^{\tau+\frac{\Delta}{2}}g(t)dt$$

Δ が微小であることを考慮すると，上の積分はさらに，

$$\frac{1}{\Delta}\int_{\tau-\frac{\Delta}{2}}^{\tau+\frac{\Delta}{2}}g(t)dt\cong\frac{g(\tau)}{\Delta}\int_{\tau-\frac{\Delta}{2}}^{\tau+\frac{\Delta}{2}}dt=\frac{g(\tau)}{\Delta}\Delta=g(\tau)$$

となります。つまり，Delta 関数を含む積分には，

$$\int_{-\infty}^{\infty}g(t)\delta(t-\tau)dt=g(\tau)$$

となる性質があります。

この Delta 関数は，次章で述べる Fourier 変換において重要な役割を演じます。

以上で Fourier 変換を議論する準備が整いました。

第3章　Fourier 変換の基本

時刻歴 $x(t)$の Fourier 変換は，次のように定義されます。

$$X(j\omega) = \int_{-\infty}^{\infty} x(t)e^{-j\omega t}dt$$

Fourier 変換を $X(\omega)$ でなく $X(j\omega)$ と書くのは，複素関数であることを明示するためです。本書では，このように j を付けた表記を採用しますが，単に，$X(\omega)$と表示される場合も少なくありません。

繰り返し述べてきていますが，指数関数部分は $e^{-j\omega t} = \cos\omega t - j\sin\omega t$ です。このため, $x(t)$ が実数関数であっても, Fourier 変換は実部と虚部を持つ複素数となります。ただし，$\cos\omega t$ は t に関して偶関数，$\sin\omega t$ は t に関して奇関数ですので，$x(t)$ が偶関数の実数関数であれば，Fourier 変換に虚部は存在しません。

以下，Fourier 変換の基本事項を述べていきます。

3-1　Fourier 変換が存在するとは？

Fourier 変換が有限の値をもつとき，「Fourier 変換が存在する」と言います。

Fourier 変換は，すでに述べたように，一般的には実部と虚部をもつ複素数となりますので，有限の値となることを次のように書くことはできません。

$$X(j\omega) = \int_{-\infty}^{\infty} x(t)e^{-j\omega t}dt < \infty$$

複素数そのものには，大小の概念がありませんので，複素数に大小関係はないのです。複素数が有限の値となることを表現するときには，

$$|X(j\omega)| = \left|\int_{-\infty}^{\infty} x(t)e^{-j\omega t}dt\right| < \infty$$

のように絶対値で表現します。この式に関しては，

$$|X(j\omega)| = \left|\int_{-\infty}^{\infty} x(t)e^{-j\omega t}dt\right| \leq \int_{-\infty}^{\infty} \left|x(t)e^{-j\omega t}\right|dt$$

となる大小関係がありますから，

$$\int_{-\infty}^{\infty}\left|x(t)e^{-j\omega t}\right|dt<\infty$$

となれば，$\left|\int_{-\infty}^{\infty}x(t)e^{-j\omega t}dt\right|<\infty$ が保証されたことになります。上式の絶対値の積分はさらに，

$$\int_{-\infty}^{\infty}\left|x(t)e^{-j\omega t}\right|dt=\int_{-\infty}^{\infty}|x(t)|\cdot\left|e^{-j\omega t}\right|dt=\int_{-\infty}^{\infty}|x(t)|dt$$

となるので（$\left|e^{-j\omega t}\right|=|\cos\omega t-j\sin\omega t|=\sqrt{\cos^2\omega t+\sin^2\omega t}=1$ です），

$$\int_{-\infty}^{\infty}|x(t)|dt<\infty$$

が Fourier 変換が有限の値をもつための条件となります。

この条件が成立するには，少なくとも $t\to\pm\infty$ となったときに，

$$|x(t)|\to 0$$

となる必要があります。

3-2　Fourier 変換と Delta 関数

ρ を実数とする，$x(t)=\exp(j\rho t)$ の Fourier 変換は

$$X(j\omega)=\int_{-\infty}^{\infty}e^{j\rho t}e^{-j\omega t}dt=\int_{-\infty}^{\infty}e^{j(\rho-\omega)t}dt$$

となって，$\omega=\rho$ でない限り 0 となります。言い換えれば，$\omega=\rho$ と設定したときだけ 0 になりません。ただし，この場合〔0 にならない〕と言っても，∞となってしまいますので，厳密な意味では Fourier 変換が存在しないことになってしまいます。

このような場合に，Delta 関数を用いて，

$$X(j\omega)=\int_{-\infty}^{\infty}e^{j(\rho-\omega)t}dt=\int_{-\infty}^{\infty}e^{-j(\omega-\rho)t}dt=2\pi\delta(\omega-\rho)$$

と表すことができます（前章の式 (2.2.1)の定義を見てください)。

以上の議論に基づけば，A_1・A_2・A_3 を定数（t の関数ではない）とする

$$x(t)=A_1e^{j\rho_1 t}+A_2e^{j\rho_2 t}+A_3e^{j\rho_3 t}$$

を Fourier 変換すれば，$\omega=\rho_1$ であれば，$A_2e^{j\rho_2t}+A_3e^{j\rho_3t}$ の項に関わる積分は 0 となって消え，A_1 に関する情報のみが残ります。同様に，$\omega=\rho_2$ として Fourier 変換すれば，A_2 に関わる情報のみが残り，さらに $\omega=\rho_3$ として Fourier 変換すれば，A_3 に関する情報が得られることになります。具体的に書けば，

$$X(j\omega)=\int_{-\infty}^{\infty}\left(A_1e^{j\rho_1t}+A_2e^{j\rho_2t}+A_3e^{j\rho_3t}\right)e^{-j\omega t}dt$$
$$=2\pi A_1\delta(\omega-\rho_1)+2\pi A_2\delta(\omega-\rho_2)+2\pi A_3\delta(\omega-\rho_3)$$

この結果から分かるように，$x(t)=A_1e^{j\rho_1t}+A_2e^{j\rho_2t}+A_3e^{j\rho_3t}$ の設定では，A_1 に関する情報，A_2 に関わる情報，A_3 に関する情報にはすべて∞が絡んできます。

では，

$$x(t)=\frac{1}{2\pi}\int_{-\infty}^{\infty}X(j\rho)e^{j\rho t}d\rho \tag{3.2.1}$$

のような積分のかたちで表現されていたら，どうでしょう？

この関数を Fourier 変換してみます。

$$\int_{-\infty}^{\infty}x(t)e^{-j\omega t}dt=\int_{-\infty}^{\infty}\left\{\frac{1}{2\pi}\int_{-\infty}^{\infty}X(j\rho)\,e^{j\rho t}d\rho\right\}e^{-j\omega t}dt$$

右辺の積分は，ρ に関する積分を先に行って，そのあとで t に関する積分を行うという順序です。積分の順序を逆にすると

$$\int_{-\infty}^{\infty}x(t)e^{-j\omega t}dt=\int_{-\infty}^{\infty}X(j\rho)\left\{\frac{1}{2\pi}\int_{-\infty}^{\infty}e^{j\rho t}\,e^{-j\omega t}dt\right\}d\rho$$

｛ ｝の部分は，以下のように，Delta 関数によって表現できます。

$$\left\{\frac{1}{2\pi}\int_{-\infty}^{\infty}e^{j\rho t}\,e^{-j\omega t}dt\right\}=\frac{1}{2\pi}\int_{-\infty}^{\infty}e^{j(\rho-\omega)t}\,dt=\delta(\omega-\rho)$$

よって，式 (3.2.1)の Fourier 変換は，

$$\int_{-\infty}^{\infty}x(t)e^{-j\omega t}dt=\int_{-\infty}^{\infty}\left\{\frac{1}{2\pi}\int_{-\infty}^{\infty}X(j\rho)e^{j\rho t}d\rho\right\}e^{-j\omega t}dt$$
$$=\int_{-\infty}^{\infty}X(j\rho)\,\delta(\omega-\rho)d\rho \tag{3.2.2}$$

となりました。さらに，計算を続けます。

Delta 関数を含む積分の性質を式 (3.2.2) に適用すれば，

$$\int_{-\infty}^{\infty} x(t)e^{-j\omega t}dt = \int_{-\infty}^{\infty} X\,(j\rho)\delta(\omega-\rho)d\rho = X\,(j\omega)$$

となって，$X\,(j\omega)$ が抽出されます。

つまり，時刻歴 $x(t)$ が，

$$x(t) = \frac{1}{2\pi}\int_{-\infty}^{\infty} X(j\omega)e^{j\omega t}d\omega$$

のように表現されるときに，〔ω ごとに $X\,(j\omega)$に関わる情報を取り出すツール〕となるのが Fourier 変換なのです。Fourier 変換することで，

$$\int_{-\infty}^{\infty} x(t)e^{-j\omega t}dt = X(j\omega)$$

が得られます。よって，

$$X\,(j\omega) = \int_{-\infty}^{\infty} x(t)e^{-j\omega t}dt\ ;\ x(t) = \frac{1}{2\pi}\int_{-\infty}^{\infty} X\,(j\omega)e^{j\omega t}d\omega$$

という相互の関係が成立します。前者を Fourier 変換，後者を逆 Fourier 変換と呼びます。逆 Fourier 変換は，Fourier 変換されたものを，もとの関数に戻すための計算です。

ただし，もともとの $x(t)$ が，

$$x(t) = \int_{-\infty}^{\infty} X(j\omega)e^{j\omega t}d\omega$$

のように表現されていると，Fourier 変換は，

$$\int_{-\infty}^{\infty} x(t)e^{-j\omega t}dt = 2\pi X(j\omega)\ \therefore \frac{1}{2\pi}\int_{-\infty}^{\infty} x(t)e^{-j\omega t}dt = X(j\omega)$$

となります。先に挙げた Fourier 変換，逆 Fourier 変換の定義とは 2π のかかり方が異なりますが，

$$X(j\omega) = \frac{1}{2\pi}\int_{-\infty}^{\infty} x(t)e^{-j\omega t}dt\ ;\ x(t) = \int_{-\infty}^{\infty} X(j\omega)e^{j\omega t}d\omega$$

をそれぞれ Fourier 変換，逆 Fourier 変換と定義する本もあります。しかし，本書では，係数 $1/(2\pi)$ は逆 Fourier 変換の方にかかるとする「定義」を採用しています。

特殊な場合として，$x(t) = 1$ と $x(t) = \delta(t)$ の Fourier 変換を考えてみます。

まず，$x(t) = 1$ とすると，

$$X(j\omega)=\int_{-\infty}^{\infty}e^{-j\omega t}dt=2\pi\delta(\omega)$$

です。$2\pi\delta(\omega)$を逆 Fourier 変換すれば，次のように，もとの 1 に戻ります。

$$x(t)=\frac{1}{2\pi}\int_{-\infty}^{\infty}X(j\omega)e^{j\omega t}d\omega=\frac{1}{2\pi}\int_{-\infty}^{\infty}2\pi\delta(\omega)e^{j\omega t}d\omega=\int_{-\infty}^{\infty}\delta(\omega)e^{j\omega t}d\omega=1$$

また，$x(t)=\delta(t)$ のときには，Delta 関数を含む積分の性質から，

$$X(j\omega)=\int_{-\infty}^{\infty}\delta(t)e^{-j\omega t}dt=e^{-j\omega\times 0}=1$$

1 を逆 Fourier 変換すれば，

$$x(t)=\frac{1}{2\pi}\int_{-\infty}^{\infty}1\cdot e^{j\omega t}d\omega=\frac{1}{2\pi}2\pi\delta(t)=\delta(t)$$

のように，もとの $\delta(t)$ に戻ります。

Fourier 変換，逆 Fourier 変換を，それぞれ，以下のような記号で表示します。

$$\mathscr{F}\{x(t)\}=X(j\omega)\ ;\ \mathscr{F}^{-1}\{X(j\omega)\}=x(t)$$

この表示を採用すれば，1 および $\delta(t)$ に対する変換・逆変換は，それぞれ，

$$\mathscr{F}\{1\}=2\pi\delta(\omega)\ ;\ \mathscr{F}^{-1}\{2\pi\delta(\omega)\}=1$$
$$\mathscr{F}\{\delta(t)\}=1\ ;\ \mathscr{F}^{-1}\{1\}=\delta(t)$$

となります。

3-3　Fourier 変換の計算例

この節では，いくつか代表的な Fourier 変換の結果を導きます。

（1）Unit Step 関数の Fourier 変換

$x(t)=\mathbf{1}(t)$ の Fourier 変換は，

$$\mathscr{F}\{\mathbf{1}(t)\}=\int_{-\infty}^{\infty}\mathbf{1}(t)e^{-j\omega t}dt=\int_{0}^{\infty}e^{-j\omega t}\,dt=\frac{1}{-j\omega}\left(e^{-j\infty}-1\right)=\frac{1-0}{j\omega}=\frac{1}{j\omega}$$

ただし，ここでは $\omega\neq 0$ を前提としています。

ここで，ω に制限をつけずに，あらゆる ω を包含した表示を考えてみます。

$$\int_{-\infty}^{\infty}\mathbf{1}(t)\,e^{-j\omega t}dt=\int_{0}^{\infty}(\cos\omega t-j\sin\omega t)dt=\int_{0}^{\infty}\cos\omega t dt-j\int_{0}^{\infty}\sin\omega t dt$$

となります。すでに述べたように，

$$\int_0^{\infty} \cos\omega t dt = \pi\delta(\omega)$$

ですから，$\omega = 0$ であるか否かに関係なく〈$\mathbf{1}(t)$の Fourier 変換〉の〈実部〉は $\pi\,\delta(\omega)$ であり，一方で，虚部を表す，

$$-\int_0^{\infty} \sin\omega t dt$$

においては，$\omega \neq 0$ では $-1/\omega$ となり（上で示しました），$\omega = 0$ のときは $\sin\omega t$ が 0 となるので，

$$-j\int_0^{\infty} \sin\omega t dt = \begin{cases} 0, & \omega = 0 \\ -j\dfrac{1}{\omega}, & \omega \neq 0 \end{cases}$$

以上の結果を統合すると，

$$\int_{-\infty}^{\infty} \mathbf{1}(t)\, e^{-j\omega t} dt = \int_0^{\infty} e^{-j\omega t} dt = \pi\delta(\omega) - j\frac{1}{\omega} = \pi\delta(\omega) + \frac{1}{j\omega}$$

となります。〈最右辺の第 1 項〉$\pi\delta(\omega)$ は $\omega = 0$ に限らず有効です。が，実際のところ $\omega \neq 0$ では 0 ですので，実質的に $\omega = 0$ の場合をカバーしていることになります。他方，〈最右辺第 2 項〉$1/(j\omega)$ は $\omega \neq 0$ の場合のみを表しています。$\mathbf{1}(t)$ の Fourier 変換は，慣例的に，特に場合分けには触れずに，このように $\omega = 0$ と $\omega \neq 0$ の両者の場合を併存させて表記されます。

(2) Unit Step 関数 $\mathbf{1}(t-\tau)$ の Fourier 変換

関連して，$x(t) = \mathbf{1}(t-\tau)$ の Fourier 変換を求めておきます。

$$\mathscr{F}\{\mathbf{1}(t-\tau)\} = \int_{-\infty}^{\infty} \mathbf{1}(t-\tau) e^{-j\omega t} dt = \int_{\tau}^{\infty} e^{-j\omega t}\, dt \tag{3.2.3}$$

$\omega \neq 0$ に対しては，

$$\int_{\tau}^{\infty} e^{-j\omega t} dt = \frac{1}{j\omega}\left(e^{-j\omega\tau} - 0\right) = \frac{e^{-j\omega\tau}}{j\omega}$$

$\omega = 0$ のときには，

$$\int_{\tau}^{\infty} e^{-j\omega t} dt = \int_0^{\infty} e^{-j\omega t} dt - \int_0^{\tau} 1\, dt = \pi\delta(\omega) - \tau$$

ただし，$\omega=0$ では $\pi\delta(\omega)$ $\to\infty$であり$-\tau$があっても∞に影響するわけではないので，

$$\begin{cases} \dfrac{e^{-j\omega\tau}}{j\omega}, & \omega \neq 0 \\ \pi\delta(\omega), & \omega = 0 \end{cases}$$

となって，両者をあわせると

$$\pi\delta(\omega)+\frac{e^{-j\omega\tau}}{j\omega}$$

となります。

(3)　$x(t)=\delta(t-\tau)$ の Fourier 変換

$$\int_{-\infty}^{\infty}\delta(t-\tau)e^{-j\omega t}dt = e^{-j\omega\tau}$$

$\tau=0$ ならば,

$$\int_{-\infty}^{\infty}\delta(t-0)e^{-j\omega t}dt = e^{-j\omega 0} = 1$$

となります。

(4)　$\exp(\pm jqt)=e^{\pm jqt}$ の Fourier 変換

$x(t)=\exp(\pm jqt)=e^{\pm jqt}$（ただし，$q$ は正の実数）に対しては,

$$X(j\omega)=\mathscr{F}\{e^{\pm jqt}\}=\int_{-\infty}^{\infty}e^{\pm jqt}e^{-j\omega t}dt=\int_{-\infty}^{\infty}e^{-j(\omega\mp q)t}dt=2\pi\delta(\omega\mp q)$$

この結果と Euler の公式を合わせれば，$x(t)=\cos qt$ のときには,

$$X(j\omega)=\mathscr{F}\{\cos qt\}=\int_{-\infty}^{\infty}\frac{e^{jqt}+e^{-jqt}}{2}e^{-j\omega t}dt$$

$$=\frac{1}{2}\int_{-\infty}^{\infty}e^{jqt}e^{-j\omega t}dt+\frac{1}{2}\int_{-\infty}^{\infty}e^{-jqt}e^{-j\omega t}dt$$

$$\therefore X(j\omega)=\pi\delta(\omega-q)+\pi\delta(\omega+q)$$

$x(t)=\sin qt$ のときには,

$$X(j\omega) = \mathscr{F}\{\sin qt\} = \int_{-\infty}^{\infty} \frac{e^{jqt} - e^{-jqt}}{2j} e^{-j\omega t} dt$$

$$= \frac{1}{2j}\int_{-\infty}^{\infty} e^{jqt}e^{-j\omega t}dt - \frac{1}{2j}\int_{-\infty}^{\infty} e^{-jqt}e^{-j\omega t}dt$$

$$\therefore X(j\omega) = \frac{-j}{2}\int_{-\infty}^{\infty} e^{-j(\omega-q)t}dt + \frac{j}{2}\int_{-\infty}^{\infty} e^{-j(\omega+q)t}dt$$

$$= -j\pi\delta(\omega - q) + j\pi\delta(\omega + q)$$

(5)〔$t \geq 0$ の範囲でのみ値をもつ関数〕の Fourier 変換の扱い

次に，〔$t \geq 0$ の範囲でのみ値をもつ関数〕の Fourier 変換について触れておきます。

$t \geq 0$ のときのみ値をもつ関数を表したいときには, Unit Step 関数を乗じておきます。

p，q ともに正の実数として，たとえば $x(t) = \exp(-pt) \cdot \exp(\pm jqt) \cdot \mathbf{1}(t) = e^{-pt}e^{\pm jqt}\mathbf{1}(t)$ とすれば，$t \geq 0$ のときのみ値をもち，実部が $e^{-pt}\cos qt$，虚部が $\pm e^{-pt}\sin qt$ の関数となります。e^{-pt} は $t \to \infty$ において 0 に収束しますので，実部・虚部ともに t が増大するにつれて 0 に近づいていきます。

この Fourier 変換を計算してみます。

$$\mathscr{F}\left\{e^{-pt\pm jqt}\mathbf{1}(t)\right\} = X(j\omega) = \int_{0}^{\infty} e^{(-p\pm jq)t}e^{-j\omega t}dt = \int_{0}^{\infty} e^{\{-p-j(\omega\mp q)\}t}dt$$

$$\therefore X(j\omega) = \frac{1}{-p - j(\omega \mp q)}(0 - 1) = \frac{1}{p + j(\omega \mp q)}$$

よって,

$$\mathscr{F}\left\{e^{-pt+jqt}\mathbf{1}(t)\right\} = \frac{1}{p + j(\omega - q)} \ ; \ \mathscr{F}\left\{e^{-pt-jqt}\mathbf{1}(t)\right\} = \frac{1}{p + j(\omega + q)}$$

この結果を利用すると

$$\mathscr{F}\{e^{-pt}cosqt\mathbf{1}(t)\} = \mathscr{F}\left\{e^{-pt}\frac{e^{jqt} + e^{-jqt}}{2}\mathbf{1}(t)\right\}$$

$$= \frac{1}{2}\left[\mathscr{F}\left\{e^{(-p+jq)t}\mathbf{1}(t)\right\} + \mathscr{F}\left\{e^{(-p-jq)t}\mathbf{1}(t)\right\}\right]$$

$$= \frac{1}{2}\left\{\frac{1}{p + j(\omega - q)} + \frac{1}{p + j(\omega + q)}\right\} = \frac{1}{2}\frac{2(p + j\omega)}{(p + j\omega)^2 - (jq)^2}$$

$$= \frac{p + j\omega}{-\omega^2 + j2p\omega + (p^2 + q^2)}$$

同様にして，

$$\mathcal{F}\{e^{-pt} sinqt\mathbf{1}(t)\} = \mathcal{F}\left\{e^{-pt}\frac{e^{jqt} - e^{-jqt}}{2j}\mathbf{1}(t)\right\}$$

$$= \frac{1}{2j}\left[\mathcal{F}\left\{e^{(-p+jq)t}\mathbf{1}(t)\right\} - \mathcal{F}\left\{e^{(-p-jq)t}\mathbf{1}(t)\right\}\right]$$

$$= \frac{1}{2j}\left[\frac{1}{p + j(\omega - q)} - \frac{1}{p + j(\omega + q)}\right] = \frac{1}{2j}\frac{2jq}{(p + j\omega)^2 - (jq)^2}$$

$$= \frac{q}{-\omega^2 + j2p\omega + (p^2 + q^2)}$$

この結果を利用すると，のちに示しますが，重要な性質となる以下の関係，

$$\mathcal{F}\left\{\frac{1}{q}e^{-pt}\mathrm{sin}qt\mathbf{1}(t)\right\} = \frac{1}{q}\mathcal{F}\{e^{-pt}\mathrm{sin}qt\mathbf{1}(t)\} = \frac{1}{-\omega^2 + j2p\omega + (p^2 + q^2)}$$

にたどりつきます。

(6) 逆 Fourier 変換の計算

次に，(1) ～ (5) で求めた Fourier 変換のうちのいくつかを逆 Fourier 変換してみます。むろん，もとの関数に戻ります。

まず，

$$\mathcal{F}\{\mathbf{1}(t)\} = \pi\delta(\omega) + \frac{1}{j\omega}$$

でしたので，これを逆変換すると，

$$\mathcal{F}^{-1}\left\{\pi\delta(\omega) + \frac{1}{j\omega}\right\} = \frac{\pi}{2\pi}\int_{-\infty}^{\infty}\delta(\omega)e^{j\omega t}d\omega + \frac{1}{2\pi}\int_{-\infty}^{\infty}\frac{1}{j\omega}e^{j\omega t}d\omega$$

右辺において，〈第 1 項の積分〉は 1/2 となります。結論を先に述べると，〈第 2 項の積分〉は，

$t > 0$ ならば $+1/2$; $t < 0$ ならば $-1/2$

となります。第 1 項・第 2 項を合わせると，$\mathcal{F}^{-1}\{\pi\delta(\omega) + 1/(j\omega)\}$ は，

$$\begin{cases} t > 0 \text{ ならば } \dfrac{1}{2}+\dfrac{1}{2}=1 \\ \\ t < 0 \text{ ならば } \dfrac{1}{2}-\dfrac{1}{2}=0 \end{cases}$$

となって，**1**(t)に一致します。

結論を先に示してしまいましたが，$(1/[2\pi])\int_{-\infty}^{\infty}(1/[j\omega])e^{j\omega t}d\omega$ を計算してみます。

$z = j\omega$ とおいて積分変数を ω から z に変更すると($z = j\omega$です)

$$\frac{1}{2\pi}\int_{-\infty}^{\infty}\frac{1}{j\omega}e^{j\omega t}d\omega = \frac{1}{2\pi}\int_{-j\infty}^{j\infty}\frac{e^{j\omega t}}{j\omega}\frac{d(j\omega)}{j} = \frac{1}{2\pi j}\int_{-j\infty}^{j\infty}\frac{e^{zt}}{z}dz$$

この場合，$z = 0$ が被積分関数の特異点となります。

ここで，正則な複素関数の章で扱った「Cauchy の積分公式」を利用します。この目的で，$t > 0$ に対しては，複素平面上の〔虚軸から見て左半面〕に，〔半径∞で左回りに半周する円弧〕Γ_R を加えます（**図 3-1**）。さらに，特異点となる $z = 0$ まわりには，**図 3-2** のように，〔微小な半径 r の右回りの半円弧〕の経路 Γ_0 を加えて，特異点を内部に含まないようにして，大きな一周経路を形成しておきます。

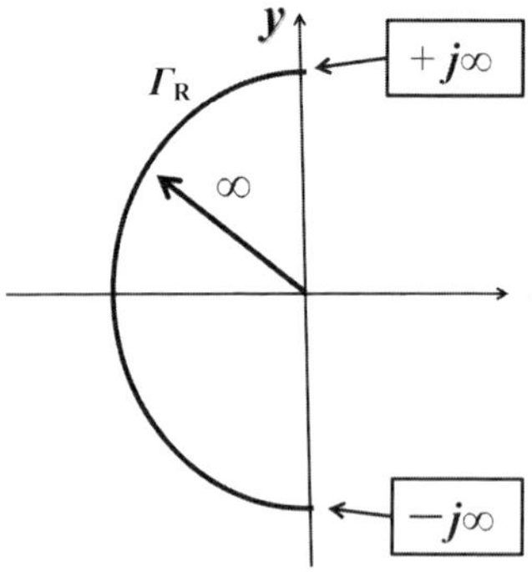

図 3-1

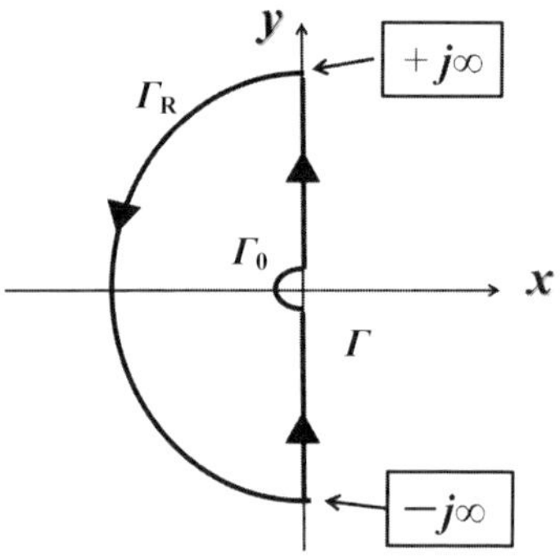

図 3-2

特異点 $z = 0$ を避けるように設定した微小な半径 r の半円経路 Γ_0 を含めた，一周経路を Γ と呼ぶことにすれば，この一周経路の中に特異点はありませんから，積分結果は次のように 0 になります。

$$\frac{1}{2\pi j}\int_{\Gamma}\frac{e^{zt}}{z}dz = 0$$

このとき，$t>0$ に対しては，追加した〔半径∞の半円経路〕上で e^{zt}/z が 0 になります。〔半径 ∞ の半円経路〕上での半径の大きさを R と表示すると $z = Re^{j\theta} = R\cos\theta + jR\sin\theta$ となるので，上式の被積分関数の絶対値は，

$$\left|\frac{e^{zt}}{z}\right| = \left|\frac{exp(R\cos\theta t + jR\sin\theta t)}{R\,e^{j\theta}}\right| = \left|\frac{e^{R\cos\theta t}e^{jR\sin\theta t}}{Re^{j\theta}}\right| = \frac{\left|e^{R\cos\theta t}\right|}{R}$$

ここでは $\pi/2 < \theta < 3\pi/2$ ですので，t が正である限り $R\cos\theta t$ は必ず負の値となって，$R \to \infty$ の極限において，上式右辺の分子は 0，さらに分母も ∞ になるので，分母分子合わせた全体も 0 となります。ですから，

$$\lim_{R\to\infty}\left|\frac{e^{zt}}{z}\right| = \lim_{R\to\infty}\frac{\left|e^{R\cos\theta t}\right|}{R} = 0$$

つまり

$$\lim_{R\to\infty}\frac{e^{zt}}{z} = 0$$

なのです。

一周する経路 Γ に対して，

$$\frac{1}{2\pi j}\int_{\Gamma}\frac{e^{zt}}{z}dz = \frac{1}{2\pi j}\int_{\Gamma_R}\frac{e^{zt}}{z}dz + \frac{1}{2\pi j}\int_{\Gamma-\Gamma_R-\Gamma_0}\frac{e^{zt}}{z}dz + \frac{1}{2\pi j}\int_{\Gamma_0}\frac{e^{zt}}{z}dz = 0$$

となるが，

$$0 = 0 + \frac{1}{2\pi j}\int_{\Gamma-\Gamma_R-\Gamma_0}\frac{e^{zt}}{z}dz + \frac{1}{2\pi j}\int_{\Gamma_0}\frac{e^{zt}}{z}dz$$

$$\therefore\ \frac{1}{2\pi j}\int_{\Gamma-\Gamma_R-\Gamma_0}\frac{e^{zt}}{z}dz = -\frac{1}{2\pi j}\int_{\Gamma_0}\frac{e^{zt}}{z}dz \tag{3.2.4}$$

となりました。Γ_0 の半径 r が微小なら，左辺の積分は，虚軸に沿う積分を表します。よって，

$$\frac{1}{2\pi j}\int_{-j\infty}^{j\infty}\frac{e^{zt}}{z}dz = -\frac{1}{2\pi j}\int_{\Gamma_0}\frac{e^{zt}}{z}dz \tag{3.2.5}$$

右辺の積分において，微小な半円弧の経路 Γ_0 を表す式は，

$$z = 0 + re^{j\theta}$$

であり，$\theta = -\pi/2$ から $\theta = -3\pi/2$ まで変化します。式 (3.2.5) 右辺の積分変数を z から θ に変換します。半径 r がきわめて 0 に近いので，$e^{zt} = e^{rej\theta t} \to e^{0\cdot t}$ となることから，

$$-\frac{1}{2\pi j}\int_{\Gamma_0}\frac{e^{zt}}{z}dz = -\frac{1}{2\pi j}\int_{-\frac{\pi}{2}}^{-\frac{3\pi}{2}}\frac{e^{0\cdot t}}{re^{j\theta}}re^{j\theta}jd\theta = -\frac{1}{2\pi}\int_{-\frac{\pi}{2}}^{-\frac{3\pi}{2}}1\,d\theta$$

$$= -\frac{1}{2\pi}\left(-\frac{3\pi}{2}+\frac{\pi}{2}\right) = \frac{1}{2}$$

が得られます。よって，

$$\frac{1}{2\pi j}\int_{-j\infty}^{j\infty}\frac{e^{zt}}{z}dz = \frac{1}{2}$$

$t<0$ に対しては，**図 3-3** のように，複素平面上の〔右半面を右回りに動く半径∞の半円〕を加え，さらに特異点回りでは，左回りの半円弧の経路を加えて，特異点を内部に含まないような大きな経路を形成して，$t>0$ のときと同様な計算を行います。途中経過は省きますが，この場合には−1/2 という結果になります。

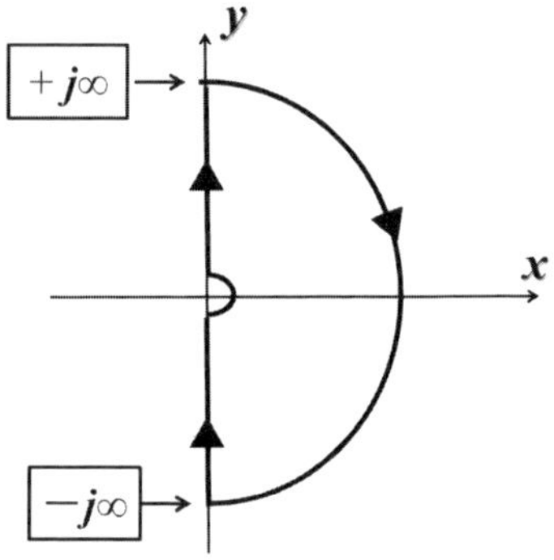

図 3-3

よって，

$$\frac{1}{2\pi}\int_{-\infty}^{\infty}\frac{1}{j\omega}e^{j\omega t}d\omega = \begin{cases} +\dfrac{1}{2}, & t>0 \\ -\dfrac{1}{2}, & t<0 \end{cases}$$

これを受けて，

$$\mathscr{F}^{-1}\left\{\pi\delta(\omega)+\frac{1}{j\omega}\right\} = \frac{\pi}{2\pi}\int_{-\infty}^{\infty}\delta(\omega)e^{j\omega t}d\omega + \frac{1}{2\pi}\int_{-\infty}^{\infty}\frac{1}{j\omega}e^{j\omega t}d\omega$$

$$= \frac{1}{2} + \begin{cases} +\dfrac{1}{2}, & t>0 \\ -\dfrac{1}{2}, & t<0 \end{cases}$$

であり，

$$\mathscr{F}^{-1}\left\{\pi\delta(\omega)+\frac{1}{j\omega}\right\} = \begin{cases} 1, & t>0 \\ 0, & t<0 \end{cases}$$

が得られます。この結果は Unit Step 関数そのものです。

次に，

$$\mathscr{F}\left\{e^{\pm jqt}\right\} = 2\pi\delta(\omega \mp q)$$

を逆変換します。こちらは Delta 関数を含む積分の性質から，容易に

$$\frac{1}{2\pi}\int_{-\infty}^{\infty} 2\pi\delta(\omega \mp q)e^{j\omega t}d\omega = \int_{-\infty}^{\infty} \delta(\omega - [\pm q])e^{j\omega t}d\omega = e^{\pm jqt}$$

もうひとつ，Fourier 変換の結果に Delta 関数を含む，

$$\mathscr{F}\{\cos qt\} = \pi\delta(\omega - q) + \pi\delta(\omega + q)$$

の逆変換を行ってみます。

$$\frac{1}{2\pi}\int_{-\infty}^{\infty} \{\pi\delta(\omega - q) + \pi\delta(\omega + q)\}e^{j\omega t}d\omega$$

$$= \frac{1}{2}\int_{-\infty}^{\infty} \delta(\omega - q)e^{j\omega t}d\omega + \frac{1}{2}\int_{-\infty}^{\infty} \delta(\omega + q)e^{j\omega t}d\omega = \frac{e^{jqt} + e^{-jqt}}{2} = \cos qt$$

次は，

$$\mathscr{F}\left\{e^{-pt+jqt}\mathbf{1}(t)\right\} = \frac{1}{p + j(\omega - q)}$$

を逆変換します。

$$\frac{1}{2\pi}\int_{-\infty}^{\infty} \frac{1}{p + j(\omega - q)}e^{j\omega t}d\omega = \frac{1}{2\pi j}\int_{-j\infty}^{j\infty} \frac{1}{p + j\omega - jq}e^{j\omega t}d(j\omega)$$

$$= \frac{1}{2\pi j}\int_{-j\infty}^{j\infty} \frac{e^{zt}}{p - jq + z}dz$$

先に

$$\mathscr{F}^{-1}\left\{\pi\delta(\omega) + \frac{1}{j\omega}\right\}$$

を計算したときと同様に，Cauchy の積分公式を利用すると，$t > 0$ に対しては，〔左回りの半円弧の経路〕を追加して，一周する経路を設定します。この経路の中には，$z = -(p - jq)$ という特異点を含みますので，

$$\frac{1}{2\pi j}\int_{-j\infty}^{j\infty} \frac{e^{zt}}{p - jq + z}dz = e^{-(p-jq)t} = e^{-pt+jqt}$$

と求めることができます。

反対に $t < 0$ に対しては，〔右回りの半円弧の経路〕を追加して一周する経路を設定

します。この経路の中には，特異点がありませんので，$e^{zt}/(p-jq+z)$ は〔積分領域内〕で正則な複素関数となります。よって積分は0です。この結果，

$$\frac{1}{2\pi j}\int_{-j\infty}^{j\infty}\frac{e^{zt}}{p-jq+z}dz=\begin{cases}e^{-pt+jqt}, & t>0\\ 0, & t<0\end{cases}$$

を受けて，

$$\frac{1}{2\pi j}\int_{-j\infty}^{j\infty}\frac{e^{zt}}{p-jq+z}dz=e^{-pt+jqt}\mathbf{1}(t)$$

に戻るのです。

ここで，のちほど重要な性質となると p.37 で述べた，次の結果，

$$\mathscr{F}\left\{\frac{1}{q}e^{-pt}\mathrm{sin}qt\mathbf{1}(t)\right\}=\frac{1}{-\omega^2+j2p\omega+(p^2+q^2)}$$

を逆変換します。

$$\frac{1}{2\pi}\int_{-\infty}^{\infty}\frac{1}{-\omega^2+j2p\omega+(p^2+q^2)}e^{j\omega t}\,d\omega=\frac{1}{2\pi j}\int_{-j\infty}^{j\infty}\frac{1}{z^2+2pz+(p^2+q^2)}e^{zt}dz$$

被積分関数は次のように分解できます。

$$\frac{1}{z^2+2pz+(p^2+q^2)}=\frac{1}{2jq}\left\{\frac{1}{z-(-p+jq)}-\frac{1}{z-(-p-jq)}\right\}$$

よって，上の逆変換は，

$$\frac{1}{2\pi j}\int_{-j\infty}^{j\infty}\frac{1}{2jq}\left\{\frac{e^{zt}}{z-(-p+jq)}-\frac{e^{zt}}{z-(-p-jq)}\right\}dz$$

$$=\frac{1}{2jq}\left\{\frac{1}{2\pi j}\int_{-j\infty}^{j\infty}\frac{e^{zt}}{z-(-p+jq)}dz-\frac{1}{2\pi j}\int_{-j\infty}^{j\infty}\frac{e^{zt}}{z-(-p-jq)}dz\right\}$$

すでに示したように，第 1 項の積分，第 2 項の積分は Cauchy の積分公式から計算できるので，以上の積分は，

$$\frac{1}{2jq}\left\{e^{(-p+jq)t}\mathbf{1}(t)-e^{(-p-jq)t}\mathbf{1}(t)\right\}=\frac{e^{-pt}}{2jq}\left\{e^{jqt}-e^{-jqt}\right\}\mathbf{1}(t)$$

$$=\frac{e^{-pt}}{q}\left\{\frac{e^{jqt}-e^{-jqt}}{2j}\right\}\mathbf{1}(t)=\frac{1}{q}e^{-pt}\mathrm{sin}qt\mathbf{1}(t)$$

となります。

以上の結果を**表 3-1** にまとめておきます。

表 3-1　Fourier 変換（ただし，p, q は正の実数）

$x(t) = \mathscr{F}^{-1}\{X(j\omega)\}$	$X(j\omega) = \mathscr{F}\{x(t)\}$
$x(t) = 1$	$X(j\omega) = 2\pi\delta(\omega)$
$x(t) = \mathbf{1}(t)$	$X(j\omega) = \pi\delta(\omega) + \dfrac{1}{j\omega}$
$x(t) = \delta(t)$	$X(j\omega) = 1$
$x(t) = \delta(t-\tau)$	$X(j\omega) = e^{-j\omega\tau}$
$x(t) = e^{\pm jqt}$	$X(j\omega) = 2\pi\delta(\omega \mp q)$
$x(t) = \sin qt$	$X(j\omega) = -j\pi\delta(\omega - q) + j\pi\delta(\omega + q)$
$x(t) = \cos qt$	$X(j\omega) = \pi\delta(\omega - q) + \pi\delta(\omega + q)$
$x(t) = e^{-pt}e^{\pm jqt}\mathbf{1}(t)$	$X(j\omega) = \dfrac{1}{p + j(\omega \mp q)}$
$x(t) = e^{-pt}\sin qt\mathbf{1}(t)$	$X(j\omega) = \dfrac{q}{-\omega^2 + j2p\omega + p^2 + q^2}$
$x(t) = \dfrac{1}{q}e^{-pt}\sin qt\mathbf{1}(t)$	$X(j\omega) = \dfrac{1}{-\omega^2 + j2p\omega + p^2 + q^2}$

3-4　微分の Fourier 変換

微分の Fourier 変換が分かれば，微分方程式を Fourier 変換できます。

微分の Fourier 変換

まず　$\dot{x}(t) = dx(t)/dt$　の Fourier 変換を考えます。

$$\mathscr{F}\{\dot{x}(t)\} = \int_{-\infty}^{\infty} \dot{x}(t)e^{-j\omega t}dt = \left[x(t)e^{-j\omega t}\right]_{-\infty}^{\infty} - \int_{-\infty}^{\infty} x(t)(-j\omega)e^{-j\omega t}dt \tag{3.4.1}$$

ここで，

$$\lim_{t\to\pm\infty} x(t) = 0$$

であれば，式 (3.4.1) の積分結果の右辺・第 1 項は 0 となって，右辺・第 2 項の積分が残ります。よって，

$$\mathscr{F}\{\dot{x}(t)\} = -\int_{-\infty}^{\infty} x(t)(-j\omega)e^{-j\omega t}dt = j\omega\int_{-\infty}^{\infty} x(t)e^{-j\omega t}dt = j\omega X(j\omega)$$

つまり，t に関する微分は，Fourier 変換の世界では $j\omega$ を乗じることに相当します。

上の結果を $v(\mathrm{t}) = \dot{x}(t)$ として書き直すと，

$$\mathscr{F}\{v(t)\} = V(j\omega) = j\omega X(j\omega)$$

次に，$\lim_{t\to\pm\infty} \dot{x}(t) = 0$ として，$\dot{v}(t) = \ddot{x}(t)$ の Fourier 変換を求めると，

$$\mathscr{F}\{\ddot{x}(t)\} = \mathscr{F}\{\dot{v}(t)\} = j\omega V(j\omega) = j\omega\{j\omega X(j\omega)\} = (j\omega)^2 X(j\omega) = -\omega^2 X(j\omega)$$

t に関する 2 階微分は，Fourier 変換の世界では $(j\omega)^2$を乗じることになります。

運動方程式の Fourier 変換

Fourier 変換における微分の扱いが分かりましたので，外乱を $u(t)$，変位応答を $x(t)$ とする運動方程式

$$\ddot{x}(t) + 2\zeta\omega_0\dot{x}(t) + \omega_0^2 x(t) = u(t)$$

を Fourier 変換してみます。この式は 1 質点系の振動問題を扱うためのものです。ζは粘性減衰比を表します。これまでと同様に，$X(j\omega) = \mathscr{F}\{x(t)\}$，$U(j\omega) = \mathscr{F}\{u(t)\}$ とすれば，

$$-\omega^2 X(j\omega) + j2\zeta\omega_0\omega X(j\omega) + \omega_0^2 X(j\omega) = U(j\omega)$$

さらに計算をすすめると

$$\{-\omega^2 + j2\zeta\omega_0\omega + \omega_0^2\}X(j\omega) = U(j\omega)$$

$$\therefore X(j\omega) = \frac{1}{-\omega^2 + j2\zeta\omega_0\omega + \omega_0^2}U(j\omega)$$

ここで，右辺において，$U(j\omega)$ の係数となっている $1/(-\omega^2 + j2\zeta\omega_0\omega + \omega_0^2)$ を

$$H(j\omega) = \frac{1}{-\omega^2 + j2\zeta\omega_0\omega + \omega_0^2}$$

と表示します。この $H(j\omega)$ は「**周波数伝達関数**」あるいは「**周波数応答関数**」と呼ばれ，こののち重要な役割を果たします。$H(j\omega)$ を用いれば，応答の Fourier 変換と入力（外力）の Fourier 変換の関係は，

$$X(j\omega) = H(j\omega)\cdot U(j\omega)$$

ここで，外力 $u(t) = \delta(t)$ としてみます。Delta 関数，$\delta(t)$，となる外力を積分すると，

$$\int_{-\infty}^{\infty} \delta(t)dt = 1$$

であり，Delta 関数の Fourier 変換は 1 となります。Delta 関数で表現される外乱を「単位衝撃」と呼びます。単位衝撃を受ける変位応答の Fourier 変換は次のようになります。

$$X(j\omega) = H(j\omega) \cdot 1 = \frac{1}{-\omega^2 + j2\zeta\omega_0\omega + \omega_0^2}$$

以前に（42 ページ）

$$\mathscr{F}^{-1}\left\{\frac{1}{-\omega^2 + j2p\omega + p^2 + q^2}\right\} = \frac{1}{q}e^{-pt}\sin qt\,\mathbf{1}(t)$$

となることを示しています。ですから，

$$p = \zeta\omega_0, \qquad q = \omega_0\sqrt{1-\zeta^2}$$

とおけば，以下のような関係が確認できます。

$$\mathscr{F}^{-1}\left\{\frac{1}{-\omega^2 + j2\zeta\omega_0\omega + \omega_0^2}\right\} = \frac{1}{\omega_0\sqrt{1-\zeta^2}}e^{-\zeta\omega_0 t}\sin(\omega_0\sqrt{1-\zeta^2}t)\mathbf{1}(t)$$

この結果の意味するところは，単位衝撃外乱によって乱される運動方程式

$$\ddot{x}(t) + 2\zeta\omega_0\dot{x}(t) + \omega_0^2 x(t) = \delta(t)$$

における変位応答は

$$x(t) = \frac{1}{\omega_0\sqrt{1-\zeta^2}}e^{-\zeta\omega_0 t}\sin(\omega_0\sqrt{1-\zeta^2}t)\mathbf{1}(t)$$

となる，という事実です。

単位衝撃外乱によって乱された応答を「**単位衝撃応答関数**」と呼び，記号 $h(t)$ で表します。つまり，2 階の微分方程式となる運動方程式で表現される系の単位衝撃応答関数は，

$$h(t) = \frac{1}{\omega_0\sqrt{1-\zeta^2}}e^{-\zeta\omega_0 t}\sin(\omega_0\sqrt{1-\zeta^2}t)\mathbf{1}(t)$$

単位衝撃外乱が作用する以前の $t < 0$ においては $h(t)=0$ です（外乱がないのですから反応はありません）。ですから，上式の右辺の最後に Unit Step 関数 $\mathbf{1}(t)$ を乗じています。単位衝撃外乱が作用するときの変位応答を，もともとの微分方程式を解いて求めるのは簡単ではありませんが，Fourier 変換を応用すると以上のように求めることができるのです。

任意の外乱が作用するとき，Fourier 変換の世界では，〔単位衝撃応答関数の Fourier

変換〕（つまり周波数伝達関数）と〔外乱の Fourier 変換〕を別々に計算してから乗じることで，〔応答の Fourier 変換〕が得られることが分かりました。

3-5　任意の外乱に乱される応答

では，$X(j\omega)=H(j\omega)U(j\omega)$ を逆 Fourier 変換した，$x(t)$ を時間領域で求めるときの式はどうなるでしょうか？

答えを先に示します。次のようになります。

$$x(t)=\int_{-\infty}^{t} h(t-\tau)u(\tau)d\tau \tag{3.5.1}$$

なぜこうなるかを述べる前に，この式の意味に触れておきます。

積分中の $h(t-\tau)$ は，〔τ という時点における外乱〕$u(\tau)$ の〔t の時点における応答〕$x(t)$への影響度合を表す「重み係数」です。直観的に言えば，τ が t に近いほど影響は大きいでしょう。

過去の全外乱に「重み」をかけて重ね合わせることを数式上で表現しているのが，式 (3.5.1)です。このような積分を，「**畳み込み積分**」「**重畳積分**」あるいは「Convolution」と呼びます。

ここで，式 (3.5.1)において，積分範囲の上限が t となっていることに注意してください。これは，重要な意味を含んでいます。

u は外乱で，x は応答（より正確には u によって乱された応答）を表しています。ですから，t という時点における応答 $x(t)$ が，t より先の，未来の外乱の影響を受けるはずはありません。積分の中に，過去の外乱はずっと以前のものからすべてを含んでいますが，現時点 t より先の外乱は含まれないのです。

ここで，式 (3.5.1)の積分において，$t-\tau$ を η とおき，積分変数を $\tau \rightarrow \eta$ に変換すれば

$$x(t)=\int_{t+\infty}^{t-t} h(\eta)u(t-\eta)(-d\eta)=-\int_{\infty}^{0} h(\eta)u(t-\eta)d\eta=\int_{0}^{\infty} h(\eta)u(t-\eta)d\eta$$

となります（このかたちでも，h の引数である η は負にはならない，という事実は分かります)。積分変数を η とするこちらの積分を Fourier 変換してみます。

$$X(j\omega)=\int_{-\infty}^{\infty}\{\int_{0}^{\infty} h(\eta)u(t-\eta)d\eta\}\,e^{-j\omega t}dt$$

上の積分は，まず t を固定しておいて η に関する積分を行い，そのうえで t に関する積分を行うという手順になります。積分の順序を入れ替えます。

$$X(j\omega) = \int_0^\infty h(\eta)\left\{\int_{-\infty}^\infty u(t-\eta)e^{-j\omega t}dt\right\}d\eta$$

$$= \int_0^\infty h(\eta)\left\{\int_{-\infty}^\infty u(t-\eta)e^{-j\omega(t-\eta)}e^{-j\omega\eta}dt\right\}d\eta$$

$$\therefore X(j\omega) = \int_0^\infty h(\eta)e^{-j\omega\eta}\left\{\int_{-\infty}^\infty u(t-\eta)e^{-j\omega(t-\eta)}d(t-\eta)\right\}d\eta$$

{　}の積分は〔η を固定したときの t に関する積分〕を意味しているので，η を定数として扱うことができますから，$dt = d(t-\eta)$ です。$t-\eta = \xi$ と表示すれば，

$$X(j\omega) = \int_0^\infty h(\eta)e^{-i\omega\eta}\left\{\int_{-\infty}^\infty u(\xi)e^{-j\omega\xi}d\xi\right\}d\eta$$

$$= \int_0^\infty h(\eta)e^{-i\omega\eta}U(j\omega)d\eta = \int_0^\infty h(\eta)e^{-j\omega\eta}d\eta\cdot U(j\omega)$$

となります。

$\eta<0$ に対しては $h(\eta)=0$ ですので，

$$\int_0^\infty h(\eta)e^{-i\omega\eta}d\eta \quad \text{としても} \quad \int_{-\infty}^\infty h(\eta)e^{-i\omega\eta}d\eta \quad \text{でも}$$

結果は同じです。ともに $h(\eta)$ の Fourier 変換を表していて，$H(j\omega)$ と表示できます。

よって，

$$X(j\omega) = \int_{-\infty}^\infty\left\{\int_0^\infty h(\eta)u(t-\eta)d\eta\right\}e^{-j\omega t}dt = H(j\omega)U(j\omega)$$

この結果より，〔重み $h(t)$ の Fourier 変換〕に〔外乱 $u(t)$ の Fourier 変換〕を乗じて得られる $H(j\omega)U(j\omega)$ は，時間領域において，以下の重畳積分，

$$x(t) = \int_{-\infty}^t h(t-\tau)u(\tau)d\tau \quad \text{あるいは} \quad x(t) = \int_0^\infty h(\tau)u(t-\tau)d\tau$$

に対応していることが分かりました。よって，

$$\frac{1}{2\pi}\int_{-\infty}^\infty H(j\omega)U(j\omega)e^{j\omega t}d\omega = \int_{-\infty}^t h(t-\tau)u(\tau)d\tau = \int_0^\infty h(\tau)u(t-\tau)d\tau$$

3-6 Parceval の公式と Fourier 変換の絶対値の二乗

重畳積分とその逆 Fourier 変換の関係は,

$$\int_0^\infty h(\tau)u(t-\tau)d\tau = \int_{-\infty}^t h(t-\tau)u(\tau)d\tau = \frac{1}{2\pi}\int_{-\infty}^\infty H(j\omega)U(j\omega)e^{j\omega t}d\omega$$

でした。このときは, $t<0$ において $h(t)=0$ という条件が付いていたので, 時間領域上の積分範囲を上のように設定しています。ここで, $h(t)$を, $t<0$ でも値をもつ $f(t)$ に置き換え, さらに $u(t)=g(t)$ と表示することにします。すると,

$$\int_{-\infty}^\infty f(\tau)g(t-\tau)d\tau = \int_{-\infty}^\infty f(t-\tau)g(\tau)d\tau = \frac{1}{2\pi}\int_{-\infty}^\infty F(j\omega)G(j\omega)e^{j\omega t}d\,\omega$$

ことわるまでもなく, $\mathscr{F}\{f(t)\}=F(j\omega)$, $\mathscr{F}\{g(t)\}=G(j\omega)$ です。

ここで, 以下の

$$\int_{-\infty}^\infty g^*(\tau)g(t+\tau)d\tau$$

の Fourier 変換を求めてみます。右肩の * は共役の複素数を意味します。

$$\int_{-\infty}^\infty \left\{\int_{-\infty}^\infty g^*(\tau)g(t+\tau)d\tau\right\}e^{-j\omega t}dt = \int_{-\infty}^\infty g^*(\tau)\left\{\int_{-\infty}^\infty g(t+\tau)e^{-j\omega t}\,dt\right\}d\tau$$

$$= \int_{-\infty}^\infty g^*(\tau)e^{j\omega\tau}\left\{\int_{-\infty}^\infty g(t+\tau)e^{-j\omega(t+\tau)}\,dt\right\}d\tau = \int_{-\infty}^\infty g^*(\tau)e^{j\omega\tau}G(j\omega)d\tau$$

$$= G^*(j\omega)G(j\omega) = |G(j\omega)|^2$$

よって,

$$\int_{-\infty}^\infty g^*(\tau)g(t+\tau)d\tau = \frac{1}{2\pi}\int_{-\infty}^\infty G^*(j\omega)G(j\omega)e^{j\omega t}d\omega \qquad (3.6.1)$$

ここで, $t=0$ とすれば,

$$\int_{-\infty}^\infty g^*(\tau)g(\tau)d\tau = \frac{1}{2\pi}\int_{-\infty}^\infty G^*(j\omega)G(j\omega)d\omega$$

$$\therefore \int_{-\infty}^\infty |g(\tau)|^2 d\tau = \frac{1}{2\pi}\int_{-\infty}^\infty |G(j\omega)|^2 d\omega$$

積分変数には任意の記号を使用できますので, τ を t に変えると,

$$\int_{-\infty}^\infty |g(t)|^2 dt = \frac{1}{2\pi}\int_{-\infty}^\infty |G(j\omega)|^2 d\omega$$

が得られます。

この関係は，「**Parceval の関係式**」（パーセバルの関係式）とか「**Parceval の公式**」（パーセバルの公式）という名で知られる有名なものです。

横軸に ω をとって，縦軸に Fourier 変換の絶対値をプロットした図を「**Fourier スペクトル**」（フーリエ・スペクトル）と言います。このスペクトルの図は，ω =0 をはさんで左右対称となります。通常 Fourier スペクトルは，ω の＋側のみを表示します。

ここで，

$$G(j\omega)=\int_{-\infty}^{\infty} g(t)e^{-j\omega t}dt \tag{3.6.2}$$

において，$g(t)$ が複素数であるとすると，

$$G^*(j\omega)=\int_{-\infty}^{\infty} g^*(t)e^{j\omega t}dt \tag{3.6.3}$$

$$G(-j\omega)=\int_{-\infty}^{\infty} g(t)e^{j\omega t}dt \tag{3.6.4}$$

となります。

37 ページにおいて，$g(t)=e^{-pt}e^{jqt}\mathbf{1}(t)$ となる複素数の Fourier 変換は，

$$G(j\omega)=\frac{1}{j(\omega-q)+p}$$

であることを示しています。この例では，

$$G^*(j\omega)=\frac{1}{-j(\omega-q)+p}$$

$$G(-j\omega)=\frac{1}{j(-\omega-q)+p}$$

となって

$$|G(j\omega)|=\left|\frac{1}{j(\omega-q)+p}\right|=\frac{1}{\sqrt{(\omega-q)^2+p^2}}$$

$$|G^*(j\omega)|=\left|\frac{1}{-j(\omega-q)+p}\right|=\frac{1}{\sqrt{(\omega-q)^2+p^2}}$$

$$|G(-j\omega)|=\left|\frac{1}{j(-\omega-q)+p}\right|=\frac{1}{\sqrt{(\omega+q)^2+p^2}}$$

よって

$$|G^*(j\omega)| = |G(j\omega)|, \qquad |G(-j\omega)| \neq |G(j\omega)|$$

となっています。

ただし，実際に計測される振動のデータは実数であり，複素数のデータが計測されるわけではありません。

3-7　パワースペクトル密度（Power Spectral Density）とは何か

前節で議論した Parceval の関係式は

$$\int_{-\infty}^{\infty} |x(t)|^2 dt = \frac{1}{2\pi}\int_{-\infty}^{\infty} |X(j\omega)|^2 d\omega$$

でした。現実の時刻歴のデータは有限時間の範囲内で計測されますので，$t = -L/2$〜$L/2$ において $x(t)$が得られるものとしてみます。これを次のように表すことにします。

$$x_L(t) = \begin{cases} x(t) & -L/2 \leq t \leq L/2 \\ 0 & \text{上記以外} \end{cases}$$

この $x_L(t)$ の Fourier 変換は，

$$X_L(j\omega) = \int_{-\infty}^{\infty} x_L(t)e^{-j\omega t} dt = \int_{-L/2}^{L/2} x(t)e^{-j\omega t} dt$$

この Fourier 変換結果を Parceval の関係にあてはめれば，

$$\int_{-\infty}^{\infty} |x_L(t)|^2 dt = \frac{1}{2\pi}\int_{-\infty}^{\infty} |X_L(j\omega)|^2 d\omega$$

$$\therefore \int_{-L/2}^{L/2} |x(t)|^2 dt = \frac{1}{2\pi}\int_{-\infty}^{\infty} |X_L(j\omega)|^2 d\omega$$

左辺を L で割れば，$t = -L/2$〜$L/2$ における $x(t)$ の二乗平均値となりますから，

$$\frac{1}{L}\int_{-L/2}^{L/2} |x(t)|^2 dt = \frac{1}{2\pi L}\int_{-\infty}^{\infty} |X_L(j\omega)|^2 d\omega = \int_{-\infty}^{\infty} \frac{|X_L(j\omega)|^2}{2\pi L} d\omega$$

L を十分長くとれば，真の二乗平均値に近づくはずです。L を十分長くとるという意味で極限操作を導入して

$$\lim_{L\to\infty} \frac{1}{L}\int_{-L/2}^{L/2} |x(t)|^2 dt = \int_{-\infty}^{\infty} \lim_{L\to\infty} \frac{|X_L(j\omega)|^2}{2\pi L} d\omega$$

と表します。ここで，右辺の被積分関数を

$$S_x(\omega) = \lim_{L\to\infty} \frac{|X_L(j\omega)|^2}{2\pi L} \tag{3.7.1}$$

と表記してみます（この $S_x(\omega)$ は，Fourier 変換の絶対値の二乗に基づく「量」ですので，正の実数となります)。よって，

$$\lim_{L\to\infty} \frac{1}{L}\int_{-L/2}^{L/2} |x(t)|^2 dt = \int_{-\infty}^{\infty} S_x(\omega) d\omega$$

左辺は二乗平均値ですので，

$$\text{二乗平均値} = \int_{-\infty}^{\infty} S_x(\omega)\, d\omega \tag{3.7.2}$$

となります。

このように，ω に関して$-\infty$～∞まで積分すると二乗平均値になるような振動数領域上の「量」を「**パワースペクトル密度**」（Power Spectral Density）と呼びます。本書では英語の頭文字をとって PSD あるいは「Power Spectral 密度」と表すことにします。

PSD，$S_x(\omega)$は，特定の振動数 ω の成分が二乗平均値を大きくするのにどれだけ寄与しているか, を表す指標となります。横軸を ω として $S_x(\omega)$ をプロットすれば, $S_x(\omega)$ の量が大きい振動数成分ほど二乗平均値の増大に貢献していることになります。つまり，どの振動数成分が「パワーをもつか」が一目瞭然となります。

式(3.7.1) の定義から，$S_x(-\omega) = S_x(\omega)$ ですので，

$$\text{二乗平均値} = 2\int_{0}^{\infty} S_x(\omega)\, d\omega = \int_{0}^{\infty} 2S_x(\omega)\, d\omega$$

となります。$2\,S_x(\omega)$ を $G_x(\omega)$ と表せば，

$$\text{二乗平均値} = \int_{0}^{\infty} G_x(\omega)\, d\omega$$

$S_x(\omega)$ を「両側 Power Spectral 密度」（Two-sided Power Spectral Density），$G_x(\omega)$ を「片側 Power Spectral 密度」（One-sided Power Spectral Density）と呼んで区別します。

3-8　ホワイトノイズ（白色雑音）

前節において，Parceval の公式から Power Spectral 密度（PSD）を導きました。

すでに触れたように，入力を $u(t)$，応答（出力）を $x(t)$で表すと時間領域における入出力関係は，単位衝撃応答関数，$h(t)$を介して

$$x(t) = \int_0^\infty h(\eta)u(t-\eta)d\eta$$

と表されました（47 ページ）。これを Fourier 変換すれば

$$X(j\omega) = H(j\omega)U(j\omega)$$

となります。すでに触れたように，$H(j\omega)$ は周波数応答関数と呼ばれます。

ここで，上式両辺の絶対値をとると

$$|X(j\omega)| = |H(j\omega)| \cdot |U(j\omega)|$$

さらに両辺を二乗すると以下が得られます。

$$|X(j\omega)|^2 = |H(j\omega)|^2 \cdot |U(j\omega)|^2$$

前の 3.7 節の議論に基づいて，入力も応答も $-L/2 \leq t \leq L/2$ の区間のみで得られているとすれば

$$|X_L(j\omega)|^2 = |H(j\omega)|^2 \cdot |U_L(j\omega)|^2 \tag{3.8.1}$$

ここで

$$S_x(\omega) = \lim_{L\to\infty} \frac{|X_L(j\omega)|^2}{2\pi L} \ ; \ S_u(\omega) = \lim_{L\to\infty} \frac{|U_L(j\omega)|^2}{2\pi L}$$

であることを考慮して，式(3.8.1)の両辺を $2\pi L$ で割ったうえで，$L \to \infty$ の極限をとると，

$$\lim_{L\to\infty} \frac{|X_L(j\omega)|^2}{2\pi L} = \lim_{L\to\infty} \frac{|H(j\omega)|^2 \cdot |U_L(j\omega)|^2}{2\pi L} = |H(j\omega)|^2 \lim_{L\to\infty} \frac{|U_L(j\omega)|^2}{2\pi L} \tag{3.8.2}$$

$$\therefore S_x(\omega) = |H(j\omega)|^2 S_u(\omega)$$

が得られます。

応答の PSD は，入力の PSD に〔周波数応答関数の絶対値〕の二乗を乗じることで計算できるのです。

この関係はのちの 5 章 5-5 節でも導かれます。ここでは式 (3.8.2) の結果を憶えておいてくれれば十分です。

ここで，特殊な場合として，PSD が ω にかかわらず一定値となる時刻歴を考えてみます。このような時刻歴を「**白色雑音**」あるいは White Noise（ホワイト・ノイズ）と呼びます。

入力 $u(t)$ が白色雑音であるとして，その一定値となる PSD を S_0 と表すことにします。すると，入力の二乗平均値は

$$二乗平均値 = E[u^2] = \int_{-\infty}^{\infty} S_u(\omega)\, d\omega = S_0 \int_{-\infty}^{\infty} d\omega \to \infty$$

となってしまいます。

しかし，応答 $x(t)$の PSD は

$$S_x(\omega) = |H(j\omega)|^2 S_0$$

ですから，応答の二乗平均値は

$$二乗平均値 = E[x^2] = \int_{-\infty}^{\infty} |H(j\omega)|^2 S_0 d\omega = S_0 \int_{-\infty}^{\infty} |H(j\omega)|^2 d\omega$$

です。上式最右辺の〔積分の部分〕が収束して値をもつならば，たとえ入力の二乗平均値が ∞ であっても，応答の二乗平均値は ∞ にならず有限の値となります。

たとえば，1 質点系の，変位の周波数応答関数，$H(j\omega)$は

$$H(j\omega) = \frac{1}{-\omega^2 + j2\zeta\omega_0\omega + \omega_0^2}$$

となるので

$$|H(j\omega)|^2 = \left| \frac{1}{-\omega^2 + \omega_0^2 + j2\zeta\omega_0\omega} \right|^2 = \frac{1}{(-\omega^2 + \omega_0^2)^2 + (2\zeta\omega_0\omega)^2}$$

結果を先に述べれば

$$\int_{-\infty}^{\infty} \frac{1}{(-\omega^2 + \omega_0^2)^2 + (2\zeta\omega_0\omega)^2} d\omega = \frac{\pi}{2\zeta\omega_0^3}$$

となることが知られており（のちの 5 章 5-7 節で詳しく述べます），二乗平均値が ∞ となるような白色雑音が入力であっても

$$E[x^2] = S_0 \frac{\pi}{2\zeta\omega_0^3} = \frac{\pi S_0}{2\zeta\omega_0^3}$$

となって，応答の二乗平均値は有限となります。

ここで，周波数応答関数についてもう少し述べておきます。

$$H(j\omega) = \frac{1}{-\omega^2 + \omega_0^2 + j2\zeta\omega_0\omega} = \frac{-\omega^2 + \omega_0^2 - j2\zeta\omega_0\omega}{(-\omega^2 + \omega_0^2)^2 + (2\zeta\omega_0\omega)^2}$$

のように変形すれば，実部・虚部はそれぞれ

$$\frac{-\omega^2 + \omega_0^2}{(-\omega^2 + \omega_0^2)^2 + (2\zeta\omega_0\omega)^2}\ ,\quad \frac{-2\zeta\omega_0\omega}{(-\omega^2 + \omega_0^2)^2 + (2\zeta\omega_0\omega)^2}$$

となります。

よって，$H(j\omega)$ を次のように表してみます。

$$H(j\omega) = \frac{1}{\sqrt{(-\omega^2+\omega_0^2)^2+(2\zeta\omega_0\omega)^2}}$$
$$\cdot\left\{\frac{-\omega^2+\omega_0^2}{\sqrt{(-\omega^2+\omega_0^2)^2+(2\zeta\omega_0\omega)^2}} + j\frac{-2\zeta\omega_0\omega}{\sqrt{(-\omega^2+\omega_0^2)^2+(2\zeta\omega_0\omega)^2}}\right\}$$

上式において，｛　｝の前の係数は $H(j\omega)$ の絶対値ですので，

$$|H(j\omega)| = \frac{1}{\sqrt{(-\omega^2+\omega_0^2)^2+(2\zeta\omega_0\omega)^2}}$$

この絶対値は，ω が $-\omega$ に置き換わっても結果が変わりませんので

$$|H(j\omega)| = |H(-j\omega)|$$

しかし，｛　｝については，ω が $-\omega$ に変化すると，実部は

$$\frac{-[-\omega]^2+\omega_0^2}{\sqrt{(-[-\omega]^2+\omega_0^2)^2+(2\zeta\omega_0[-\omega])^2}} = \frac{-\omega^2+\omega_0^2}{\sqrt{(-\omega^2+\omega_0^2)^2+(2\zeta\omega_0\omega)^2}}$$

のように変わりませんが，虚部は

$$\frac{-2\zeta\omega_0[-\omega]}{\sqrt{(-[-\omega]^2+\omega_0^2)^2+(2\zeta\omega_0[-\omega])^2}} = \frac{2\zeta\omega_0\omega}{\sqrt{(-\omega^2+\omega_0^2)^2+(2\zeta\omega_0\omega)^2}}$$

となって，分子の－が消えます。結局，$H(-j\omega)$は，$H(j\omega)$の共役の複素数となっていることが分かります。

$H(j\omega)$の議論に戻ります。

$$H(j\omega) = |H(j\omega)|\cdot\left\{\frac{-\omega^2+\omega_0^2}{\sqrt{(-\omega^2+\omega_0^2)^2+(2\zeta\omega_0\omega)^2}} + j\frac{-2\zeta\omega_0\omega}{\sqrt{(-\omega^2+\omega_0^2)^2+(2\zeta\omega_0\omega)^2}}\right\}$$

と表されました。｛　｝の絶対値は 1 で，さらに｛　｝内の実部，第 2 項の虚部ともに -1～1 の間を動く実数ですから，

$$\frac{-\omega^2+\omega_0^2}{\sqrt{(-\omega^2+\omega_0^2)^2+(2\zeta\omega_0\omega)^2}} = \cos\theta$$

$$\frac{-2\zeta\omega_0\omega}{\sqrt{(-\omega^2+\omega_0^2)^2+(2\zeta\omega_0\omega)^2}} = \sin\theta$$

を満たすような θ，つまり，

$$\tan\theta = \frac{-2\zeta\omega_0\omega}{-\omega^2+\omega_0^2} \quad \therefore \theta = \tan^{-1}\left(\frac{-2\zeta\omega_0\omega}{-\omega^2+\omega_0^2}\right) \tag{3.8.3}$$

を見つけ出せば,

$$H(j\omega) = |H(j\omega)| \cdot e^{j\theta}$$

と表現できます。

このθを「**位相（角）**」と呼びます。θの式においてωを−ωに置き換えると，θは−θに変わることが分かります。つまり，位相θはωに関して奇関数となっています。

ちなみに言えば,

$$\tan\varphi = \frac{2\zeta\omega_0\omega}{-\omega^2 + \omega_0^2}$$

のようにφを設定すれば $H(j\omega) = |H(j\omega)| \cdot e^{-j\varphi}$ となりますが（φ = −θの関係になります），ここでは先に示した式 (3.8.3) のθの方の表示を採用しておきます。

3-9　Fourier 変換の物理的意味

本章を締めくくる意味で，Fourier 変換の意味を示しておきます。

これまでも登場している，次の 2 階の微分方程式,

$$\ddot{x} + 2\zeta\omega_0\dot{x} + \omega_0^2 x = u \tag{3.9.1}$$

において，入力 $u(t)$・応答 $x(t)$ ともに，ただ 1 つの振動数ωで振動しているものとします。

ここで言う「1 つのωのみで振動する」とは，$u(t)$，$x(t)$ ともに同じωの $\sin\omega t$ あるいは $\cos\omega t$ で表現しうる，ということを指します。$\sin\ \omega t$ および $\cos\ \omega t$ をまとめて 1 つの式で表せば $\exp(j\omega t)$ ですので，1 つの振動数ωのみで振動する状況を

$$x(t) = Xe^{j\omega t};\ u(t) = Ue^{j\omega t} \tag{3.9.2}$$

と表します。ここで X, U は複素振幅であり，位相の情報も含んでいますが，t の関数ではありません。つまり，振動が長く継続していて，振幅も位相も一定値に収束した定常状態を想定しているのが，この式です。

上の微分方程式 (3.9.1)に式(3.9.2)を代入して微分すれば,

$$(-\omega^2 X + j2\zeta\omega_0\omega X + \omega_0^2 X)e^{j\omega t} = Ue^{j\omega t}$$

となります。$\exp(j\omega t)$ において，実部・虚部が同時に 0 になることはないので，両辺を $\exp(j\omega t)$ で割れば

$$-\omega^2 X + j2\zeta\omega_0\omega X + \omega_0^2 X = U$$

となって，式 (3.9.1)の Fourier 変換と同様の結果が得られます。

つまり，Fourier 変換とは，定常状態に収束している状況で，〔入出力ともに1つの振動数 ω によって支配されている世界〕において，振幅と位相差を統合した〈複素振幅〉を表すものである，と言うことができます。

また，先に Dirac の Delta 関数の定義として，

$$\delta(\omega)=\frac{1}{2\pi}\int_{-\infty}^{\infty}e^{\pm j\omega t}dt$$

を挙げていますが，これは

$$\delta(\omega-\overline{\omega})=\frac{1}{2\pi}\int_{-\infty}^{\infty}e^{\pm j(\omega-\overline{\omega})t}dt$$

としても同様です。上の式の積分の中身の j の前のマイナス符号を採用して

$$2\pi\delta(\omega-\overline{\omega})=\int_{-\infty}^{\infty}e^{j\overline{\omega}t}e^{-j\omega t}dt$$

と書き直せば，この式の右辺は， $e^{j\overline{\omega}t}=\exp(j\overline{\omega}t)$ の Fourier 変換を意味していることになります。つまり，ある特定の振動数 $\overline{\omega}$ で動いている $e^{j\overline{\omega}t}=\exp(j\overline{\omega}t)$ を Fourier 変換すると， $\omega\neq\overline{\omega}$ としたときはすべて 0 であり，$\omega=\overline{\omega}$のときのみ無限大となります。

これが Fourier 変換の意味と大いに関係してきます。

すでに触れていますが（30～31 ページ），大事な論点ですので繰り返します。$x(t)$が

$$x(t)=\frac{1}{2\pi}\int_{-\infty}^{\infty}X(j\rho)e^{j\rho t}d\rho$$

であるとき，これを Fourier 変換すると，

$$X(j\omega)=\int_{-\infty}^{\infty}\left\{\frac{1}{2\pi}\int_{-\infty}^{\infty}X(j\rho)e^{j\rho t}d\rho\right\}e^{-j\omega t}dt$$

のように二重積分になります。先に t に関する積分を行うことにすると

$$X(j\omega)=\int_{-\infty}^{\infty}X(j\rho)\left\{\frac{1}{2\pi}\int_{-\infty}^{\infty}e^{-j(\omega-\rho)t}dt\right\}d\rho \qquad (3.9.3)$$

{ } の積分は $\omega\neq\rho$ では 0 で，$\omega=\rho$ のときのみ ∞ となるので，Delta 関数によって

$$\left\{\frac{1}{2\pi}\int_{-\infty}^{\infty}e^{-j(\omega-\rho)t}dt\right\}=\delta(\omega-\rho)$$

と表現されます。Delta 関数を含む積分の性質から，式(3.9.3)は

$$\int_{-\infty}^{\infty} X(j\rho)\delta(\omega-\rho)\,d\rho = X(j\omega)$$

となることが確認できます。

つまり，$x(t)$の中に含まれる $X(j\omega)$を抽出したいときに，$\exp(-j\omega t)$を乗じて Fourier 変換を行うのです。ですから，$\omega=\omega_1$ とする $X(j\omega_1)$を抽出したいときには $\exp(-j\omega_1 t)$を乗じて Fourier 変換し，$\omega=\omega_2$ とする $X(j\omega_2)$を抽出したければ $\exp(-j\omega_2 t)$を乗じて Fourier 変換するのです。

3-10　Laplace 変換に向けた若干の準備

ここで，次の章で述べる Laplace 変換に少しだけ触れておきます。

Laplace 変換は次のように定義されます。

$$\mathscr{L}\{x(t)\} = \int_0^{\infty} x(t)e^{-st}dt$$

積分区間は 0〜∞ ですので，t はいつも正の値のみをとります。したがって，

$$\mathscr{F}\left\{\frac{1}{q}e^{-pt}\sin qt\,\mathbf{1}(t)\right\} = \int_0^{\infty}\frac{1}{q}e^{-pt}\sin qt\,e^{-j\omega t}dt$$

の Fourier 変換であれば，$j\omega=s$ とした計算結果と一致します。つまり，

$$\mathscr{L}\left\{\frac{1}{q}e^{-pt}\sin qt\right\} = \int_0^{\infty}\frac{1}{q}e^{-pt}\sin qt\,e^{-st}dt = \frac{1}{s^2+2ps+(p^2+q^2)}$$

となります。したがって，機械的に計算するという意味では，$x(t)\,\mathbf{1}(t)$ の Fourier 変換 $X(j\omega)$において $s=j\omega$ とすれば，Laplace 変換 $X(s)$ になります。

ただし，一般論として言えば，$x(t)$の Fourier 変換 $X(j\omega)$において，$s=j\omega$ としても Laplace 変換 $X(s)$ にはなりませんので注意が必要です。

第 4 章　Laplace 変換の基本

前々章・前章でも Laplace 変換に多少触れていますが，本章では，その意味や性質をあらためて確認しながら，Laplace 変換の基本を述べていきます。

4-1　Laplace 変換が成立するための条件

Laplace 変換の定義は次の通りです。

$$\mathscr{L}\{x(t)\} = X(s) = \int_0^\infty x(t)e^{-st}dt$$

Fourier 変換の積分区間は$-\infty$～∞でしたが，Laplace 変換のそれは 0～∞となります。よって，t が負の値となることは想定していません。Fourier 変換との積分区間の違いをまず明確に認識しておいてください。

また逆 Laplace 変換は，次のようになります。

$$\mathscr{L}^{-1}\{X(s)\} = \frac{1}{2\pi j}\int_{\sigma-j\infty}^{\sigma+j\infty} X(s)e^{st}ds$$

逆 Laplace 変換の積分区間において登場する σ は s の実部を表します。積分変数 s は複素数であり，上の積分において，$\sigma - j\infty$ から $\sigma + j\infty$ までが逆変換における積分経路となります。実部 σ の値を一定値としていますから，積分経路は，複素平面を表す s-平面上の虚軸と平行に下から上に向かって進みます（図 4-1）。

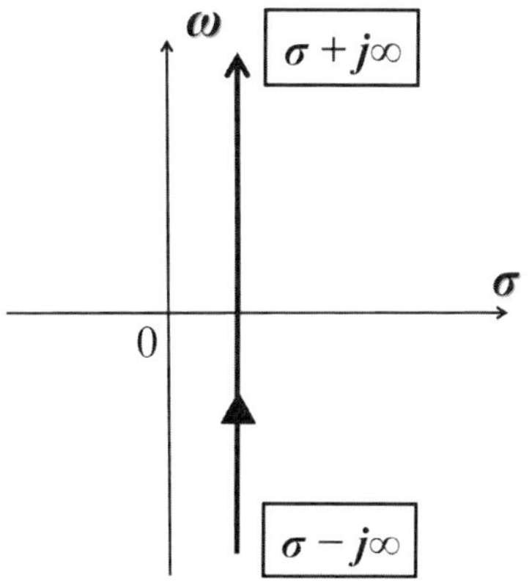

図 4-1

一方，逆 Fourier 変換は

$$\mathscr{F}^{-1}\{X(j\omega)\} = \frac{1}{2\pi}\int_{-\infty}^{\infty} X(j\omega)e^{j\omega t}d\omega = \frac{1}{2\pi j}\int_{-j\infty}^{j\infty} X(j\omega)e^{j\omega t}d(j\omega)$$

でした。これは，s の実部を σ，虚部を ω と表示した $s=\sigma+j\omega$ において，$\sigma=0$ とした逆 Laplace 変換に相当していることが分かります。

では，σ をどう設定すべきか，を述べておきます。

Laplace 変換が発散せずに値をもつためには，

$$\int_0^\infty |x(t)e^{-st}|dt < \infty$$

である必要があります。s の実部を σ，虚部を ω と表示していますので

$$\int_0^\infty \left|x(t)e^{-\sigma t}e^{-j\omega t}\right|dt = \int_0^\infty |x(t)e^{-\sigma t}|\cdot\left|e^{-j\omega t}\right|dt = \int_0^\infty |x(t)e^{-\sigma t}|dt < \infty$$

となります。この条件を満たすには，t が極限まで増大したときに

$$\lim_{t\to\infty}|x(t)e^{-\sigma t}| = 0$$

となっている必要があります。この条件は，次のような意味をもちます。

σ（実数）を大きく設定しておけば，$\exp(-\sigma t)$（この指数関数は実数）は早い段階で（つまり，t がそれほど大きくならない段階でも）0 に収束していきます。たとえ t の増大にともなって $x(t)$の絶対値が大きくなっていくとしても，それを打ち消すほど早い段階から

$$|x(t)e^{-\sigma t}| = 0$$

に収束させるように σ を選んでおけばよいのです。

1 つ例を挙げます。

p，q をともに正の実数とすると

$$\mathscr{L}\left\{e^{pt}e^{jqt}\right\} = \int_0^\infty e^{pt}e^{jqt}e^{-st}dt$$

において，t の増大にともなって $\exp(pt)$は，文字通り指数関数的に∞に近づいていきます。このような状況にあっても

$$\lim_{t\to\infty}\left|e^{pt}e^{jqt}e^{-st}\right| = 0$$

を満たすように σ を選べばよいのです。上の式の絶対値の部分は

$$\begin{aligned}\left|e^{pt}e^{jqt}e^{-st}\right| &= \left|e^{pt}e^{jqt}e^{-\sigma t}e^{-j\omega t}\right| = \left|e^{(p-\sigma)t}e^{j(q-\omega)t}\right| = e^{(p-\sigma)t}\cdot\left|e^{j(q-\omega)t}\right| \\ &= e^{(p-\sigma)t}\end{aligned}$$

ですから，結局，

$$\lim_{t\to\infty} e^{(p-\sigma)t} = 0$$

となればよいのです。$p-\sigma<0$ であれば，t が∞となっても $e^{(p-\sigma)t}=0$ です。よって

$$p-\sigma<0 \quad \therefore \sigma>p$$

が，この場合の〔Laplace 変換が発散せずに値をもつための条件〕となります。

したがって，この例では，逆 Laplace 変換における積分経路も

$$\sigma>p$$

を満たすように設定します。Laplace 変換はこの条件を前提として計算されています。

以上の議論から分かるように，s の実部を適切に設定することで，Laplace 変換は必ず有限の値をもちます。ただし，Laplace 変換による結果は複素数ですから，〔有限の値をもつ〕とは，絶対値が有限の値となることを意味しています。

このように，Laplace 変換は本来，s の実部が適切に設定されていることを前提としているのですが，慣例的に，s の実部の範囲に特に言及せずに，Laplace 変換結果を提示することが一般的です。

4-2　微分の Laplace 変換

〈微分の Fourier 変換〉についてはすでに論じていますが，この節では，微分の Laplace 変換を扱います。

$\dot{x}(t)$ の Laplace 変換は

$$\mathscr{L}\{\dot{x}(t)\} = \int_0^{\infty} \dot{x}(t)e^{-st}dt$$

です。この式は，部分積分の公式から

$$\int_0^{\infty} \dot{x}(t)e^{-st}dt = [x(t)e^{-st}]_0^{\infty} - \int_0^{\infty} x(t)(-se^{-st})\,dt$$

$$= x(\infty)e^{-s\cdot\infty} - x(0) + s\int_0^{\infty} x(t)e^{-st}\,dt \tag{4.2.1}$$

となります。そもそも $\mathscr{L}\{x(t)\} = X(s)$ が発散せずに値をもつためには

$$\lim_{t\to\infty}|x(t)e^{-st}| = 0$$

が成立しているはずですから，式(4.2.1)において $x(\infty)e^{-s\cdot\infty}$ の項は消えますので，

$$\mathscr{L}\{\dot{x}(t)\} = \int_0^\infty \dot{x}(t)e^{-st}dt = -x(0) + sX(s) = sX(s) - x(0)$$

となります。微分の Laplace 変換結果には，このように初期値 $x(0)$が含まれることに注意しておいてください。

ここで $v(t) = \dot{x}(t)$と表すと，$\mathscr{L}\{\ddot{x}(t)\} = \mathscr{L}\{\dot{v}(t)\} = sV(s) - v(0)$ ですから，2 階微分の Lapalace 変換は

$$\mathscr{L}\{\ddot{x}(t)\} = sV(s) - v(0) = s\{sX(s) - x(0)\} - \dot{x}(0) = s^2X(s) - sx(0) - \dot{x}(0)$$

となります。

以上の結果を利用して，次の微分方程式

$$\ddot{x}(t) + 2\zeta\omega_0\dot{x}(t) + \omega_0^2x(t) = u(t)$$

を Laplace 変換すれば

$$\{s^2X(s) - sx(0) - \dot{x}(0)\} + 2\zeta\omega_0\{sX(s) - x(0)\} + \omega_0^2X(s) = U(s)$$

$$s^2X(s) + 2\zeta\omega_0 sX(s) + \omega_0^2X(s) - (s + 2\zeta\omega_0)x(0) - \dot{x}(0) = U(s)$$

$$\therefore\ (s^2 + 2\zeta\omega_0 s + \omega_0^2)X(s) = U(s) + (s + 2\zeta\omega_0)x(0) + \dot{x}(0)$$

と整理できます。よって

$$X(s) = \frac{1}{s^2 + 2\zeta\omega_0 s + \omega_0^2}U(s) + \frac{1}{s^2 + 2\zeta\omega_0 s + \omega_0^2}\dot{x}(0) + \frac{s + 2\zeta\omega_0}{s^2 + 2\zeta\omega_0 s + \omega_0^2}x(0) \tag{4.2.2}$$

にたどり着きます。ここで

$$H(s) = \frac{1}{s^2 + 2\zeta\omega_0 s + \omega_0^2}$$

のように表される「**伝達関数**」を導入すれば，$X(s)$は

$$X(s) = H(s)U(s) + H(s)\dot{x}(0) + \frac{s + 2\zeta\omega_0}{s^2 + 2\zeta\omega_0 s + \omega_0^2}x(0)$$

となります。この伝達関数，$H(s)$ は，より正確には，「外力 u から変位 x への伝達関数」と呼ばれます。

ここで，$H(s)$の s を $j\omega$ に置き換えると，Fourier 変換における $H(j\omega)$になります（この理由はまもなく触れます)。$H(j\omega)$は「周波数応答関数」あるいは「周波数伝達関数」という名称でした。

$H(j\omega)$ の逆 Fourier 変換は，すでに示していますが，

$$\mathscr{F}^{-1}\{H(j\omega)\} = \frac{1}{2\pi}\int_{-\infty}^{\infty} H(j\omega)e^{j\omega t}d\omega = \frac{1}{2\pi j}\int_{-j\infty}^{j\infty} H(j\omega)e^{j\omega t}d(j\omega)$$

と表されます。この結果は，単位衝撃応答関数となって

$$h(t) = \frac{1}{\omega_0'}e^{-\zeta\omega_0 t}\sin\omega_0' t\,\mathbf{1}(t) \quad ただし \quad \omega_0' = \sqrt{1-\zeta^2}\omega_0$$

となりました。

ζは正の実数で $\lim_{t\to\infty} h(t) = 0$ ですから，$h(t)$を Laplace 変換するときに，s の実部 σ を 0 と設定しても差し支えありません。つまり

$$\mathscr{L}^{-1}\{H(s)\} = \frac{1}{2\pi j}\int_{-j\infty}^{j\infty} H(s)e^{st}ds$$

によって逆 Laplace 変換を計算できます。積分経路からも明らかなように，この積分において $s = j\omega$ とすれば

$$\mathscr{L}^{-1}\{H(s)\} = \frac{1}{2\pi j}\int_{-j\infty}^{j\infty} H(j\omega)e^{j\omega t}d(j\omega)$$

となります。

この関係を，逆 Laplace 変換・逆 Fourier 変換からではなく，Laplace 変換と Fourier 変換の視点から見てみます。

単位衝撃応答関数 $h(t)$の Laplace 変換，Fourier 変換は，それぞれ，

$$\mathscr{L}\{h(t)\} = \int_0^{\infty} h(t)e^{-st}dt\,; \quad \mathscr{F}\{h(t)\} = \int_{-\infty}^{\infty} h(t)e^{-j\omega t}dt$$

です。しかしながら，$h(t)$ は $t<0$ においては 0 ですので，Fourier 変換の積分範囲から $t<0$ は除外され，$h(t)$の Fourier 変換は

$$\mathscr{F}\{h(t)\} = \int_0^{\infty} h(t)e^{-j\omega t}dt$$

となって，$s = j\omega$ とした Laplace 変換と完全に一致します。少なくとも $H(s)$と $H(j\omega)$ の議論においては，機械的に $s \leftrightarrow j\omega$ とする変換が行えます。

4-3　単位衝撃応答関数の意味するところ

ここで，式(4.2.2)の

$$X(s) = H(s)U(s) + H(s)\dot{x}(0) + \frac{s + 2\zeta\omega_0}{s^2 + 2\zeta\omega_0 s + \omega_0^2}x(0)$$

の関係に戻って，重要な性質を述べておきます。

まず，初変位 $x(0)$は 0 で，初速 $\dot{x}(0)$ のみが存在するものとします。さらに $u(t)$を単位衝撃入力，$\delta(t)$，であるとします。

単位衝撃入力の Laplace 変換は，Delta 関数を含む積分の性質から，

$$\mathcal{L}\{\delta(t)\} = \int_0^\infty \delta(t)e^{-st}dt = e^{-s\cdot 0} = 1$$

よって，このときの $X(s)$ は

$$X(s) = H(s)\cdot 1 + H(s)\dot{x}(0)$$

もちろん，初速 $\dot{x}(0)$ は定数ですから，この逆 Laplace 変換は

$$x(t) = h(t)\cdot 1 + h(t)\cdot \dot{x}(0)$$

$X(s)$を表現する式からも，$x(t)$を表現する式からも，〔単位衝撃入力を加えたときの応答〕と〔初速 $\dot{x}(0) = 1$ を与えた自由振動〕が，同じ挙動となることが分かります。

より正確な議論を行っておきます。もともとの運動方程式を表す微分方程式は

$$m\ddot{x}(t) + c\dot{x}(t) + kx(t) = u(t)$$

でした。ただし，m：質量，c：減衰係数，k：ばね定数です。両辺を m で割ると

$$\ddot{x}(t) + \frac{c}{m}\dot{x}(t) + \frac{k}{m}x(t) = \frac{1}{m}u(t)$$

ここで，$k/m = \omega_0^2$，$c/m = 2\zeta\omega_0$ とおけば

$$\ddot{x}(t) + 2\zeta\omega_0\dot{x}(t) + \omega_0^2 x(t) = \frac{u(t)}{m}$$

であり，ω_0：固有振動数，ζ：粘性減衰比となります。よって

$$\ddot{x}(t) + 2\zeta\omega_0\dot{x}(t) + \omega_0^2 x(t) = u(t)$$

と表されたときの $u(t)$は〔単位質量あたりの入力〕にあたります。

したがって，先ほど上で述べた

〔単位衝撃入力を加えたときの応答〕と〔初速 1 を与えた自由振動〕が同じ挙動となることを厳密に言えば，同じ挙動になるのは

〔単位質量あたりの入力が単位衝撃となるときの応答〕と〔初速 1 を与えた自由振動〕なのです。

以上の理由から，〔単位質量あたりの入力が単位衝撃となるときの応答〕を時間領域上で求めたければ，初速 1 の自由振動を求めればよいことになります。

逆に言えば，単位であるかどうかは別にしても，〔衝撃入力（実数係数倍された Delta 関数で表される入力；実数係数が 1 ならば単位衝撃）が加わると，初速を生じさせる〕ということでもあります。

4-4　畳み込み積分の Laplace 変換

3 章の議論において，次の畳み込み積分：

$$x(t)=\int_{-\infty}^{t}h(t-\tau)u(\tau)d\tau=\int_{0}^{\infty}h(\tau)u(t-\tau)d\tau$$

の Fourier 変換が

$$X(j\omega)=H(j\omega)U(j\omega)$$

であることを述べました。

Laplace 変換が扱う世界では，t は負の値をとりませんので，畳み込み積分は

$$x(t)=\int_{0}^{t}h(t-\tau)u(\tau)d\tau=\int_{0}^{t}h(\tau)u(t-\tau)d\tau$$

となります。この積分を Laplace 変換してみます。

$$\mathscr{L}\{x(t)\}=X(s)=\int_{0}^{\infty}\left\{\int_{0}^{t}h(t-\tau)u(\tau)d\tau\right\}e^{-st}dt$$

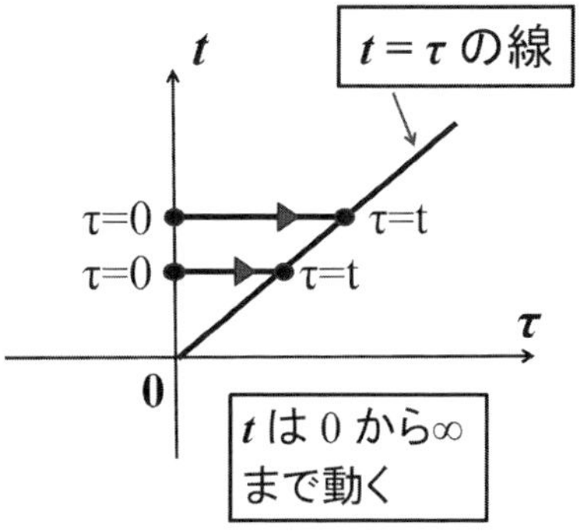

図 4-2

積分の順序の意味に関しては何度か述べています。この積分は，まず t を固定しておいて τ を積分変数として { } 内の積分を行ってから，t を積分変数とする積分を行うことを意味しています。

2 つの積分変数 t と τ を，それぞれ，縦軸と横軸にとって積分範囲を図示すると**図 4-2** になります。

τ は t を超えることはありませんから，t を

固定したときに τ が動く範囲は図示の → の通りとなります。t は 0〜∞まで変化するので，大きな t を設定するほど τ の動く範囲は増えていきます。$t=\tau$ を表す〔45°の傾きの線〕の上にある三角形部分が積分領域となります。

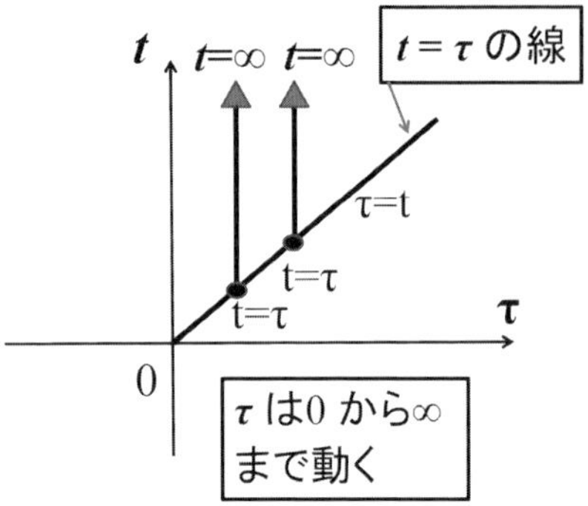

図 4-3

積分の順序を逆にしようとすると，τ をまず固定しますから，積分変数 t の動く範囲は τ〜∞となります（図 4-3）。そして，τ を 0〜∞まで変化させれば，積分順序を入れ替える前のときと同様に，$t=\tau$ を表す 45°の線の上の三角形の積分領域を形成します。したがって，積分順序を入れ替えたときの積分範囲は

$$X(s)=\int_0^{\infty}\left\{\int_{\tau}^{\infty}h(t-\tau)e^{-st}dt\right\}u(\tau)d\tau$$

とする必要があります。さらに，{　} 内の積分では τ が固定されていることを考慮すると

$$X(s)=\int_0^{\infty}\left\{\int_{\tau-\tau}^{\infty}h(t-\tau)e^{-st}d(t-\tau)\right\}u(\tau)d\tau$$

ここで $\eta=t-\tau$ とおけば

$$X(s)=\int_0^{\infty}\left\{\int_0^{\infty}h(\eta)e^{-s(\eta+\tau)}d\eta\right\}u(\tau)d\tau$$

さらに

$$X(s)=\int_0^{\infty}\left\{\int_0^{\infty}h(\eta)e^{-s\eta}d\eta\right\}e^{-s\tau}u(\tau)d\tau$$

とすることで，{　} 内の積分は $H(s)$ となって，

$$X(s)=\int_0^{\infty}H(s)e^{-s\tau}u(\tau)d\tau=H(s)\int_0^{\infty}u(\tau)e^{-s\tau}d\tau=H(s)U(s)$$

にたどり着きます。

以上の議論から，Laplace 変換の世界でも，Fourier 変換と同様に，〈単位衝撃応答関数 $h(t)$〉の Laplace 変換と〔単位質量あたりの入力 $u(t)$〕の Laplace 変換を別々に求めて乗じれば，応答の Laplace 変換が得られることが分かりました。

4-5　Laplace 変換の計算例

ここで，いくつか代表的な Laplace 変換を計算しておきます。

（1）$\tau > 0$ とする Unit Step 関数，$\mathbf{1}(t-\tau)$，の Laplace 変換

$$X(s) = \int_0^\infty \mathbf{1}(t-\tau)e^{-st}dt = \int_\tau^\infty e^{-st}dt = \frac{1}{-s}(0 - e^{-s\tau}) = \frac{e^{-s\tau}}{s}$$

ただし，$\lim_{t\to\infty} e^{-st} = 0$ となるように，s の実部を設定していることを暗黙の前提としています（以降，s の実部にかかわる条件については触れません）。

$\tau = 0$ であれば

$$X(s) = \int_0^\infty \mathbf{1}(t)e^{-st}dt = \frac{1}{-s}(0 - e^0) = \frac{1}{s}$$

（2）$\tau > 0$ とする Delta 関数，$\delta(t-\tau)$，の Laplace 変換

$$X(s) = \int_0^\infty \delta(t-\tau)e^{-st}dt = e^{-s\tau}$$

$\tau = 0$ であれば

$$X(s) = \int_0^\infty \delta(t)e^{-st}dt = e^0 = 1$$

（3）$x(t) = \exp(\pm jqt)$ の Laplace 変換

$$X(s) = \int_0^\infty e^{\pm jqt}e^{-st}dt = \frac{1}{-s \pm jq}\left[e^{(-s\pm jq)t}\right]_0^\infty = \frac{1}{-s \pm jq}(0 - 1) = \frac{1}{s \mp jq}$$

$q = 0$ であれば

$$X(s) = \int_0^\infty 1 \cdot e^{-st}dt = \frac{1}{s}$$

（4）$x(t) = \sin qt$ の Laplace 変換

$$X(s) = \int_0^\infty \sin qt\, e^{-st}dt = \int_0^\infty \frac{e^{+jqt} - e^{-jqt}}{2j}e^{-st}dt = \frac{1}{2j}\left[\mathcal{L}\{e^{+jqt}\} - \mathcal{L}\{e^{-jqt}\}\right]$$

$$= \frac{1}{2j}\left[\frac{1}{s - jq} - \frac{1}{s + jq}\right] = \frac{1}{2j}\cdot\frac{2jq}{s^2 + q^2} = \frac{q}{s^2 + q^2}$$

（5）$x(t) = \cos qt$ の Laplace 変換

$$X(s) = \int_0^{\infty} \cos qt\, e^{-st}dt = \int_0^{\infty} \frac{e^{+jqt} + e^{-jqt}}{2} e^{-st}dt = \frac{1}{2}\left[\mathcal{L}\{e^{+jqt}\} + \mathcal{L}\{e^{-jqt}\}\right]$$

$$= \frac{1}{2}\left[\frac{1}{s - jq} + \frac{1}{s + jq}\right] = \frac{1}{2} \cdot \frac{2s}{s^2 + q^2} = \frac{s}{s^2 + q^2}$$

（6）$x(t) = \exp(-pt)\exp(\pm jqt) = \exp(-pt \pm jqt)$ の Laplace 変換

$$X(s) = \int_0^{\infty} e^{-pt \pm jqt}\, e^{-st}dt = \frac{1}{-s - p \pm jq}(0 - 1) = \frac{1}{s + p \mp jq}$$

（7）$x(t) = \exp(-pt)\sin qt$ の Laplace 変換

$$X(s) = \int_0^{\infty} e^{-pt} \sin qt\, e^{-st}dt = \int_0^{\infty} e^{-pt} \frac{e^{+jqt} - e^{-jqt}}{2j} e^{-st}dt$$

$$= \frac{1}{2j}\left[\mathcal{L}\{e^{-pt+jqt}\} - \mathcal{L}\{e^{-pt-jqt}\}\right] = \frac{1}{2j}\left[\frac{1}{s + p - jq} - \frac{1}{s + p + jq}\right]$$

$$= \frac{1}{2j}\left[\frac{2jq}{(s + p)^2 + q^2}\right] = \frac{q}{s^2 + 2ps + (p^2 + q^2)}$$

（8）$x(t) = (1/q)\exp(-pt)\sin qt$ の Laplace 変換

上の（7）において，

$$\mathcal{L}\{e^{-pt} \sin qt\} = \frac{q}{s^2 + 2ps + (p^2 + q^2)}$$

でしたから

$$\mathcal{L}\left\{\frac{1}{q} e^{-pt} \sin qt\right\} = \frac{1}{s^2 + 2ps + (p^2 + q^2)}$$

（9）$x(t) = \frac{1}{\omega_0\sqrt{1-\zeta^2}} e^{-\zeta\omega_0 t} \sin\left(\omega_0\sqrt{1 - \zeta^2}t\right)$ の Laplace 変換

上の（8）において，

$$p = \zeta\omega_0;\ \ q = \omega_0\sqrt{1 - \zeta^2}$$

とおけば

$$p^2 + q^2 = \zeta^2\omega_0^2 + \omega_0^2(1-\zeta^2) = \omega_0^2$$

となるので，

$$\mathcal{L}\left\{\frac{1}{q}e^{-pt}\sin qt\right\} = \frac{1}{s^2 + 2\zeta\omega_0 s + \omega_0^2}$$

（10）　逆 Laplace 変換の計算

次に，上で求めた Laplace 変換のうちのいくつかの逆 Laplace 変換を求めてみます。逆 Fourier 変換と同様に，Cauchy の積分公式を応用します。

まず，

$$\mathcal{L}\{\mathbf{1}(t)\} = \frac{1}{s}$$

でしたので，$\sigma > 0$ として

$$\mathcal{L}^{-1}\left\{\frac{1}{s}\right\} = \frac{1}{2\pi j}\int_{\sigma-j\infty}^{\sigma+j\infty}\frac{1}{s}e^{st}ds = \frac{1}{2\pi j}\int_{\sigma-j\infty}^{\sigma+j\infty}\frac{e^{st}}{s}ds$$

虚軸と平行な積分経路の左側に，半径∞の半円弧を加えます。逆 Fourier 変換のときの議論と同様ですので詳しくは述べませんが，$t > 0$ を想定すれば，「加えた半円弧」上では $\exp(st)$ も $1/s$ も 0 に収束し，「半円弧」の経路に沿う積分結果は 0 となります。この結果，上記の積分を，〔半円弧を加えた一周する半円の経路〕に沿った積分として計算しても値は変わりません。半円の経路内にある被積分関数の特異点は $s = 0$ ですので，Cauchy の積分公式より

$$\mathcal{L}^{-1}\left\{\frac{1}{s}\right\} = \frac{1}{2\pi j}\int_{\sigma-j\infty}^{\sigma+j\infty}\frac{e^{st}}{s}ds = e^{0\cdot t} = 1$$

となります。**1**(t)に一致します。

Laplace 変換では $t < 0$ を想定していませんので，$t < 0$ のときの逆変換の議論は不要となります。

次に，

$$\mathcal{L}\left\{e^{\pm jqt}\right\} = \frac{1}{s \mp jq}$$

を逆変換します。$\sigma > 0$ として

$$\mathcal{L}^{-1}\left\{\frac{1}{s\mp jq}\right\}=\frac{1}{2\pi j}\int_{\sigma-j\infty}^{\sigma+j\infty}\frac{e^{st}}{s\mp jq}ds$$

が逆変換の式となります。積分経路の左側にある被積分関数の特異点は $s=\pm jq$ ですので，Cauchy の積分公式より

$$\frac{1}{2\pi j}\int_{\sigma-j\infty}^{\sigma+j\infty}\frac{e^{st}}{s\mp jq}ds=e^{\pm jqt}$$

となってもとに戻ります。

つづいて

$$\mathcal{L}\{\cos qt\}=\frac{s}{s^2+q^2}$$

の逆変換を行ってみます。$\sigma<0$ として

$$\mathcal{L}^{-1}\left\{\frac{s}{s^2+q^2}\right\}=\frac{1}{2\pi j}\int_{\sigma-j\infty}^{\sigma+j\infty}\frac{s}{s^2+q^2}e^{st}ds=\frac{1}{2\pi j}\int_{\sigma-j\infty}^{\sigma+j\infty}\frac{1}{2}\left\{\frac{1}{s-jq}+\frac{1}{s+jq}\right\}e^{st}ds$$

$$=\frac{1}{2\pi j}\cdot\frac{1}{2}\int_{\sigma-j\infty}^{\sigma+j\infty}\left\{\frac{e^{st}}{s-jq}+\frac{e^{st}}{s+jq}\right\}ds$$

$$=\frac{1}{2}\cdot\left\{\frac{1}{2\pi j}\int_{\sigma-j\infty}^{\sigma+j\infty}\frac{e^{st}}{s-jq}ds+\frac{1}{2\pi j}\int_{\sigma-j\infty}^{\sigma+j\infty}\frac{e^{st}}{s+jq}ds\right\}$$

ここで

$$\frac{1}{2\pi j}\int_{\sigma-j\infty}^{\sigma+j\infty}\frac{e^{st}}{s-jq}ds=e^{jqt};\ \ \frac{1}{2\pi j}\int_{\sigma-j\infty}^{\sigma+j\infty}\frac{e^{st}}{s+jq}ds=e^{-jqt}$$

であることを考慮すれば

$$\mathcal{L}^{-1}\left\{\frac{s}{s^2+q^2}\right\}=\frac{1}{2}\left\{e^{jqt}+e^{-jqt}\right\}=\cos qt$$

となります。

次は，

$$\mathcal{L}\left\{e^{-pt+jqt}\mathbf{1}(t)\right\}=\mathcal{L}\left\{e^{-pt+jqt}\right\}=\frac{1}{s+p-jq}$$

を逆変換します。$\sigma\geq 0$ として

$$\frac{1}{2\pi j}\int_{\sigma-j\infty}^{\sigma+j\infty}\frac{e^{st}}{s+p-jq}ds=e^{-(p-jq)t}=e^{-pt+jqt}$$

さらに

$$\mathscr{L}\left\{\frac{1}{q}e^{-pt}\sin qt\mathbf{1}(t)\right\}=\mathscr{L}\left\{\frac{1}{q}e^{-pt}\sin qt\right\}=\frac{1}{s^2+2ps+(p^2+q^2)}$$

を逆変換します。

逆 Fourier 変換のときと同様の手順になりますが，$\sigma\geq 0$ として

$$\mathscr{L}^{-1}\left\{\frac{1}{s^2+2ps+(p^2+q^2)}\right\}=\frac{1}{2\pi j}\int_{\sigma-j\infty}^{\sigma+j\infty}\frac{1}{s^2+2ps+(p^2+q^2)}e^{st}\,ds$$

被積分関数は次のように分解できます。

$$\frac{1}{s^2+2ps+(p^2+q^2)}=\frac{1}{2jq}\left\{\frac{1}{s-(-p+jq)}-\frac{1}{s-(-p-jq)}\right\}$$

よって，上の逆変換は

$$\frac{1}{2jq}\left\{\frac{1}{2\pi j}\int_{\sigma-j\infty}^{\sigma+j\infty}\frac{e^{st}}{s-(-p+jq)}ds-\frac{1}{2\pi j}\int_{\sigma-j\infty}^{\sigma+j\infty}\frac{e^{st}}{s-(-p-jq)}ds\right\}$$

Cauchy の積分公式より，{ }内の第 1 項は $\exp(-pt+jqt)$，第 2 項は $\exp(-pt-jqt)$ ですから，

$$\mathscr{L}^{-1}\left\{\frac{1}{s^2+2ps+(p^2+q^2)}\right\}=\frac{1}{2jq}\left\{e^{-pt+jqt}-e^{-pt-jqt}\right\}$$

$$=\frac{e^{-pt}}{q}\cdot\frac{e^{jqt}-e^{-jqt}}{2j}=\frac{1}{q}e^{-pt}\sin qt$$

となります。

以上の Laplace 変換結果を含めて表にまとめたものが，**表 4-1** です。加えて，Laplace 変換と Fourier 変換との違いあるいは類似性を確認する意味で，**表 4-2** には，両変換の結果を合わせて表示しています。

表 4-1　Laplace 変換（ただし，$\boldsymbol{p}, \boldsymbol{q}$ は正の実数）

$x(t) = \mathscr{L}^{-1}\{X(s)\}$	$X(s) = \mathscr{L}\{x(t)\}$
$x(t) = \mathbf{1}(t-\tau)$	$X(s) = \dfrac{e^{-s\tau}}{s}$
$x(t) = \mathbf{1}(t)$	$X(s) = \dfrac{1}{s}$
$x(t) = \delta(t)$	$X(s) = 1$
$x(t) = \delta(t-\tau)$	$X(s) = e^{-s\tau}$
$x(t) = e^{\pm jqt}$	$X(j\omega) = \dfrac{1}{s \mp jq}$
$x(t) = \sin qt$	$X(s) = \dfrac{q}{s^2 + q^2}$
$x(t) = \cos qt$	$X(s) = \dfrac{s}{s^2 + q^2}$
$x(t) = e^{-pt} e^{\pm jqt} \mathbf{1}(t)$	$X(s) = \dfrac{1}{s + p \mp jq}$
$x(t) = e^{-pt} \mathrm{sin} qt \mathbf{1}(t)$	$X(s) = \dfrac{q}{s^2 + 2ps + p^2 + q^2}$
$x(t) = \dfrac{1}{q} e^{-pt} \mathrm{sin} qt \mathbf{1}(t)$	$X(s) = \dfrac{1}{s^2 + 2ps + p^2 + q^2}$

表 4-2　Laplace 変換と Fourier 変換（ただし，$\boldsymbol{p}, \boldsymbol{q}$ は正の実数）

$x(t)$	$X(s) = \mathscr{L}\{x(t)\}$	$X(j\omega) = \mathscr{F}\{x(t)\}$
$x(t) = 1$	$\dfrac{1}{s}$	$2\pi\delta(\omega)$
$x(t) = \mathbf{1}(t)$	$\dfrac{1}{s}$	$\pi\delta(\omega) + \dfrac{1}{j\omega}$
$x(t) = \delta(t)$	1	1
$x(t) = \delta(t-\tau)$	$e^{-s\tau}$	$e^{-j\omega\tau}$
$x(t) = e^{\pm jqt}$	$\dfrac{1}{s \mp jq}$	$2\pi\delta(\omega \mp q)$
$x(t) = \sin qt$	$\dfrac{q}{s^2+q^2}$	$-j\pi\delta(\omega - q) + j\pi\delta(\omega + q)$
$x(t) = \cos qt$	$\dfrac{s}{s^2+q^2}$	$\pi\delta(\omega - q) + \pi\delta(\omega + q)$
$x(t) = e^{-pt}e^{\pm jqt}\mathbf{1}(t)$	$\dfrac{1}{s+p \mp jq}$	$X(j\omega) = \dfrac{1}{j\omega + p \mp jq}$
$x(t) = e^{-pt}\mathrm{sin}qt\mathbf{1}(t)$	$\dfrac{q}{s^2+2ps+p^2+q^2}$	$\dfrac{q}{-\omega^2+j2p\omega+p^2+q^2}$
$x(t) = \dfrac{1}{q}e^{-pt}\mathrm{sin}qt\mathbf{1}(t)$	$\dfrac{1}{s^2+2ps+p^2+q^2}$	$\dfrac{1}{-\omega^2+j2p\omega+p^2+q^2}$

第5章　Fourier 変換の応用：確率過程論

確率過程の議論において，Fourier 変換は重要な役割を果たします。さらには，システムの制御と推定を考えるときにも，確率論に基づいた議論，統計的な考え方が重要な役割を演じます。

確率過程を説明する前に，まず，確率と推定および制御との関係についてごく簡単に触れておきます。

構造物の応答のデータは,速度計･加速度計などのセンサーによって計測されます。実際にこれらのセンサーから得られる計測情報のみから，システムの全挙動（計測していないものも含む全挙動情報）を推定しようとする場合，100%完全な推定が行えれば理想的ですが，現実は簡単ではありません。そこで，推定結果（推定値）ができるだけ実際の挙動（真値）に近くなるような推定を目指すことになります。このときの「できるだけ近くなるような」推定とは,「確率論的な意味での最適な推定」を意味しますが，これを具体的に言えば，推定結果と真値の誤差が確率論的に最小になることを指します。

また，挙動の制御においても，やはり確率論に基づいた考え方が重要になります。

事前にどんな外力が作用するかが分かっていれば，システムの挙動を容易に，思い通りに制御できるでしょう。しかし，現実には，未知の外力が作用しつづける中で，制御を実行する場合がほとんどです。このときも，やはり確率統計的な考え方が重要になります。どんな外乱となるか不明ではあるが，外乱群とでもいうべき外乱の集合が作用したときに（この外乱群のうちのどれかが作用するのですが，事前には分かりません），統計的に最適になるように（具体的には，たとえばですが，外乱群が作用したときの応答平均値とか，応答の二乗平均値が最小になるように，あるいは「制御」のために必要となるエネルギーの二乗平均値が最小となるように）制御を実行する，というようなことが考えられます。

本章では，以上のような背景から，確率論に基づいた基本的な議論を展開しておきます。

5-1　確率密度関数と正規(Gauss)分布

Probability Mass Function

広く，確率全般を指す英語が，Probability です。しかし，同じ確率でも，〔離散値を対象とする確率〕と〔連続量を対象とする確率〕では考え方が異なります。

多くの読者は，離散値を念頭においた確率の方に馴染みがあるでしょう。英語では離散値を対象とした確率を Probability Mass Function とも言います。ただし，日本語には，この英語に相当する適切な用語が見当たりません。

たとえば，サイコロをふったときに出る目は，1，2，3，4，5，6 です。これ以外の目はありません。精巧につくられたサイコロならば，各目の出る「確率」はすべて 1/6 のはずです。これが Probability Mass Function です。日本語でしたら，単に「確率」です。

言うまでもなく，すべての可能性に対する Probability Mass Function の合計は，必ず 1 になります。すべての確率を網羅することになるからです。

サイコロの目の「期待値」（Expected Value）を計算するならば，1，2，3，4，5，6 に，対応する Probability Mass Function を乗じて合計すればよいのです。確率変数である，サイコロの目の数値を k と表し，これに k に対応する Probability Mass Function, P_k，を乗じて合計すれば，次のように期待値，$E[K]$，が得られます。

$$E[K]=\sum_{k=1}^{6}kP_k=\frac{1}{6}+\frac{2}{6}+\frac{3}{6}+\frac{4}{6}+\frac{5}{6}+\frac{6}{6}=\frac{21}{6}=\frac{7}{2}=3.5$$

二乗平均値を計算すれば，次のようになります。

$$E[K^2]=\sum_{k=1}^{6}k^2P_k=\frac{1^2}{6}+\frac{2^2}{6}+\frac{3^2}{6}+\frac{4^2}{6}+\frac{5^2}{6}+\frac{6^2}{6}=\frac{91}{6}$$

以上は，高校の数学でも学習している範囲かと思います。

累積分布関数と確率密度関数

次に，連続量の確率をとりあげます。たとえば，身長を考えてみます。〔日本人ひとりを任意に抽出したときの身長〕は，確率変数（確率量とも言います）となります。身長は，170cm の次が 171cm になるわけではなく，170～171cm の間に無数の可能性があります。ですから，〔日本人の身長が 170cm となる確率〕というのは，統計的には意味がなく,〔日本人の身長が 170cm 以下となる確率〕とか〔日本人の身長が 170〜180cm の間となる確率〕となってはじめて意味をもちます。

連続量の確率変数を記号 X で表し，特定の身長（たとえば 170cm）を x と表せば，〔身長 X が x 以内となる確率〕を

$$\mathrm{Prob}\,\{X \leq x\}$$

のように表記します。

このような確率を「**累積分布関数**」(Cumulative Distribution Function）と呼び，以下のように大文字 F を用いて表記します。

$$F_X(x) = \mathrm{Prob}\,\{X \leq x\}$$

累積分布関数は,ときに英語の頭文字をとってCDFあるいはC.D.F.とも略記されます。

身長の場合は必ず 0 を上回りますから，$X \leq 0$ となる確率は 0 ですので，以下のようになります。

$$F_X(0) = \mathrm{Prob}\,\{X \leq 0\} = 0$$

また，$x = \infty$ と設定すれば，$F_X(\infty) = \mathrm{Prob}\,\{X \leq \infty\} = 1$ です。累積分布関数は，x が増えるにしたがって必ず増加し，x の増加とともに 1 に近づくという性質をもちます。

ここで，累積分布関数（CDF）の x に関する微分を考えてみます。

微分の定義から，

$$\frac{dF_X(x)}{dx} = \lim_{\Delta x \to 0} \frac{F_X(x + \Delta x) - F_X(x)}{\Delta x}$$

これを $f_X(x)$ と表記して，あらためて次のように表示します。

$$f_X(x) = \frac{dF_X(x)}{dx} = \lim_{\Delta x \to 0} \frac{F_X(x + \Delta x) - F_X(x)}{\Delta x}$$

右辺の分子の第 1 項・第 2 項の意味は，それぞれ

$$F_X(x + \Delta x) = \mathrm{Prob}\{X \leq x + \Delta x\},\quad F_X(x) = \mathrm{Prob}\{X \leq x\}$$

ですから，結局，分子は，

$$\begin{aligned} F_X(x + \Delta x) - F_X(x) &= \mathrm{Prob}\{X \leq x + \Delta x\} - \mathrm{Prob}\{X \leq x\} \\ &= \mathrm{Prob}\{x < X \leq x + \Delta x\} \end{aligned}$$

を意味します。

微分の定義から，$\Delta x \to 0$ の極限をとれば，上の式の Δx を dx に代えると

$$\begin{aligned} F_X(x + dx) - F_X(x) &= \mathrm{Prob}\{X \leq x + dx\} - \mathrm{Prob}\{X \leq x\} \\ &= \mathrm{Prob}\{x < X \leq x + dx\} \end{aligned}$$

この場合，$F_X(x+dx)-F_X(x)=dF_X(x)$ ですので

$$dF_X(x)=f_X(x)dx=F_X(x+dx)-F_X(x)=\text{Prob}\,\{x<X\leq x+dx\}$$

という関係が得られます。この $dF_X(x)/dx=f_X(x)$ を「**確率密度関数**」（Probability Density Function）と言います。確率密度関数$f_X(x)$ は，上式から分かるように，*dx* を乗じることで，*x* ～ *x*+*dx* の間の値となる確率を表します。確率密度関数は，英語の頭文字をとって pdf あるいは p.d.f. と表記されることもあります。

累積分布関数（CDF）の微分が確率密度関数（pdf）ですから，確率密度関数（pdf）の積分は累積分布関数（CDF）となります。

$f_X(x)$ を積分すれば，

$$\int_{-\infty}^{x} f_X(\eta)d\eta=\int_{-\infty}^{x} dF_X(\eta)=F_X(x)-F_X(-\infty)=F_X(x)=\text{Prob}\{X\leq x\}$$

となります。ただし，いかなる確率変数を想定したとしても必ず $F_X(-\infty)=0$ です。

上の積分で，積分範囲を示す *x* を+∞ に代えれば，すべての可能性を網羅することになるため，積分は 1 となります。つまり

$$\int_{-\infty}^{\infty} f_X(\eta)d\eta=\int_{-\infty}^{\infty} dF_X(\eta)=F_X(\infty)-F_X(-\infty)=F_X(\infty)=1$$

現実に取り扱うデータの多くは，離散値ではなく連続量となることがほとんどです。よって，データ解析やデータ処理においては，累積分布関数，確率密度関数がより重要な意味を持ちます。

離散値の場合は総和記号により期待値が表現されましたが，連続量となる確率変数 *X* の期待値 *E* [*X*] は，次の積分

$$E[X]=\int_{-\infty}^{\infty} \eta dF_X(\eta)=\int_{-\infty}^{\infty} \eta f_X(\eta)d\eta$$

で計算されます。二乗平均値を求めるのであれば，

$$E[X^2]=\int_{-\infty}^{\infty} \eta^2 dF_X(\eta)=\int_{-\infty}^{\infty} \eta^2 f_X(\eta)d\eta$$

また，分散を求めるのであれば，*E* [*X*] を *EX* と簡潔に表示することにして，

$$E[(X-EX)^2]=\int_{-\infty}^{\infty} (\eta-EX)^2 dF_X(\eta)=\int_{-\infty}^{\infty} (\eta-EX)^2 f_X(\eta)d\eta$$

さらに計算をつづければ

$$E[(X-EX)^2] = \int_{-\infty}^{\infty} (\eta^2 - 2\eta \cdot EX + [EX]^2)\, f_X(\eta) d\eta$$

$$= \int_{-\infty}^{\infty} \eta^2 d\eta - 2\int_{-\infty}^{\infty} \eta\, d\eta \cdot EX + (EX)^2 = E[X^2] - (EX)^2$$

となり，〈二乗平均値〉から〈平均値の二乗〉を引くと分散になるという関係が得られます。

正規分布

確率密度関数のうちで，特に有名なのが正規分布（Gauss 分布）です。平均値が μ，分散が σ^2 となるような，正規分布する確率量 X の確率密度関数は，

$$f_X(x) = \frac{1}{\sqrt{2\pi}\sigma} \exp\left(-\frac{[x-\mu]^2}{2\sigma^2}\right)$$

となることが知られています。この確率密度関数は，μ を中心にして，左右対称となります（図 5-1）。

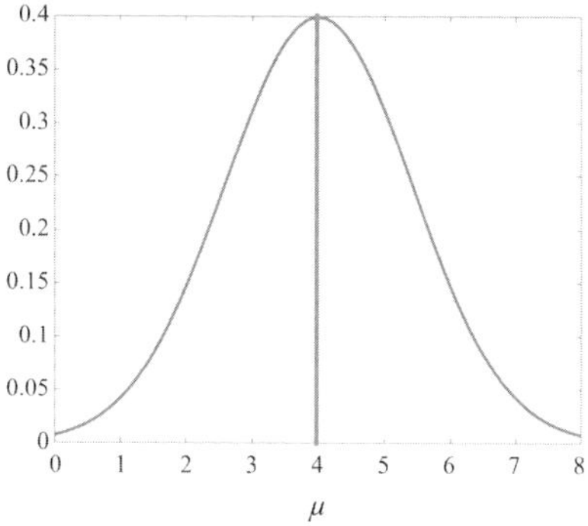

図 5-1

分散の平方根は標準偏差と呼ばれます。この例では σ が標準偏差を表しています。正規分布する確率変数が，

$\mu-\sigma$ と $\mu+\sigma$ の間に入る確率は約 0.68，

$\mu-2\sigma$ と $\mu+2\sigma$ の間に入る確率は約 0.96，

$\mu-3\sigma$ と $\mu+3\sigma$ の間に入る確率は約 0.996

となることも知られています。

平均 μ，標準偏差 σ の確率変数 X を，平均値を任意の $\tilde{\mu}$，標準偏差を任意の $\tilde{\sigma}$ とする確率変数 Y に変換したいときには，

$$Y = \tilde{\mu} + \frac{X-\mu}{\sigma}\tilde{\sigma}$$

とします。

この新たな確率変数の期待値は

$$EY = \tilde{\mu} + \frac{E[X-\mu]}{\sigma}\tilde{\sigma} = \tilde{\mu} + \frac{E[X]-\mu}{\sigma}\tilde{\sigma} = \tilde{\mu}$$

分散は

$$E[(Y-\tilde{\mu})^2] = E\left[\frac{(X-\mu)^2}{\sigma^2}\tilde{\sigma}^2\right] = \frac{E[(X-\mu)^2]}{\sigma^2}\tilde{\sigma}^2 = \frac{\sigma^2}{\sigma^2}\tilde{\sigma}^2 = \tilde{\sigma}^2$$

となります。よって，標準偏差は $\tilde{\sigma}$ となります。

この考え方を利用して，平均を 50 点，標準偏差を 10 点となるようにテストの結果を修正したものが「偏差値」です。多少本題と離れますが，この偏差値に触れておきます。

X をテストの点数とし，平均が 50，標準偏差が 10 となるように変換したいので，

$$Y = 50 + \frac{X-\mu}{\sigma}\cdot 10$$

とします。この Y が偏差値です。テストの点数が正規分布するならば，正規分布の性質から

偏差値 40 と 60 の間に入る確率は約 0.68,

偏差値 30 と 70 の間に入る確率は約 0.96,

偏差値 20 と 80 の間に入る確率は約 0.996

となります。

事実，大勢の人が受けたテストの結果はほぼ正規分布と見なし得ることが分かっています（これを「大数の法則」といいます）ので，偏差値 20 以下となる確率は 0.002，偏差値 80 以上となる確率も 0.002 となります。ですから，ある受験生の偏差値が 80 という高得点であったとすると，99.8%の人は，その受験生の得点を下回っていることになります。

本来の議論に戻ります。正規分布する確率変数 X を，平均値 0，標準偏差 1 の正規分布する確率変数 Y に変換したいときには，

$$Y = 0 + \frac{X-\mu}{\sigma}\cdot 1 = \frac{X-\mu}{\sigma}$$

とします。この Y の確率密度関数は，

$$f_Y(y) = \frac{1}{\sqrt{2\pi}} \exp\left(-\frac{y^2}{2}\right)$$

となります。このような正規分布を「標準正規分布」と言います。平均値 0 ですから当然ですが，

$$EY = \int_{-\infty}^{+\infty} y\, f_Y(y)\, dy = \int_{-\infty}^{+\infty} y \frac{1}{\sqrt{2\pi}} \exp\left(-\frac{y^2}{2}\right) dy = 0$$

となるはずです。y は奇関数，確率密度は偶関数ですので，両者の積は奇関数となって，積分すると 0 となります。

また，このときの分散は

$$E[Y^2] = \int_{-\infty}^{+\infty} y^2 \frac{1}{\sqrt{2\pi}} \exp\left(-\frac{y^2}{2}\right) dy = 1$$

となります。

この結果は，部分積分の公式を用いることで導くことができます。以下に示します。

まず，確率密度関数を$-\infty$～$+\infty$まで積分すると，あらゆる可能性をすべて網羅していることになりますから

$$\int_{-\infty}^{\infty} \frac{1}{\sqrt{2\pi}} \exp\left(-\frac{y^2}{2}\right) dy = 1$$

となることを再度確認し，前提とします。

関連して触れておけば，上式において被積分関数は偶関数ですので，

$$\frac{2}{\sqrt{2\pi}} \int_0^{+\infty} \exp\left(-\frac{y^2}{2}\right) dy = 1 \quad \therefore \int_0^{+\infty} \exp\left(-\frac{y^2}{2}\right) dy = \sqrt{\frac{\pi}{2}}$$

の関係も導けます。

以上も考慮して二乗平均値を計算していきますが，部分積分の公式を使用するので，その準備として

$$\left[\exp\left(-\frac{y^2}{2}\right)\right]' = \frac{d}{dy}\left[\exp\left(-\frac{y^2}{2}\right)\right] = -y \exp\left(-\frac{y^2}{2}\right)$$

を確認しておきます。これを踏まえて，二乗平均値を求めるための積分を

$$E[Y^2] = \int_{-\infty}^{+\infty} y^2 \frac{1}{\sqrt{2\pi}} \exp\left(-\frac{y^2}{2}\right) dy = \frac{1}{\sqrt{2\pi}} \int_{-\infty}^{+\infty} (-y) \left[\exp\left(-\frac{y^2}{2}\right)\right]' dy$$

のようにしておけば，部分積分の公式によって

$$E[Y^2] = \frac{1}{\sqrt{2\pi}}\left[(-y)\exp\left(-\frac{y^2}{2}\right)\right]_{-\infty}^{+\infty} - \frac{1}{\sqrt{2\pi}}\int_{-\infty}^{+\infty}(-1)\exp\left(-\frac{y^2}{2}\right)dy$$

上式右辺の第 1 項は 0 です。y が$\pm\infty$になる前に $\exp(-y^2/2)$ の方が早く 0 に収束してしまうので，第 1 項全体は，y がある程度の大きさに達した時点で 0 に収束してしまうからです。

よって

$$E[Y^2] = 0 - \frac{1}{\sqrt{2\pi}}\int_{-\infty}^{\infty}(-1)\exp\left(-\frac{y^2}{2}\right)dy = \frac{1}{\sqrt{2\pi}}\int_{-\infty}^{\infty}\exp\left(-\frac{y^2}{2}\right)dy$$

上式の最右辺の表現は〔標準正規分布の確率密度関数の積分〕と一致しますので 1 です。よって

$$E[Y^2] = \frac{1}{\sqrt{2\pi}}\int_{-\infty}^{\infty}y^2\exp\left(-\frac{y^2}{2}\right)dy = 1$$

が導かれました。

ベクトルを対象とした平均と分散

これまでは，確率変数がスカラー量であるとして，確率密度関数，平均値，分散などを議論してきました。

確率変数がスカラーでなく，ベクトルとなる場合を考えます。たとえば，2 質点系で表される構造物の挙動を，各質点の変位・速度に着目して，全部で 4 つの要素からなるベクトル（つまり 4 次のベクトル）で表現したような場合です。

ただし，基本的な議論をするのには，ベクトルの次数を 2 とすれば十分ですので，

$$\mathbf{x} = [x_1\ \ x_2]^T$$

としておきます。ここで，上添字 T は転置を意味し，ベクトル $\mathbf{x}$ が複素数になるときには，共役転置を意味するものとします。

このようなベクトルの平均値は，

$$E[\mathbf{x}] = \begin{bmatrix} E[x_1] \\ E[x_2] \end{bmatrix} = \begin{bmatrix} Ex_1 \\ Ex_2 \end{bmatrix}$$

です。よって，平均値に限って言えば，x_1 の確率密度関数，x_2 の確率密度関数が，それぞれ別々に分かっていれば計算可能ですから，スカラーのときの議論と大差ありません。

さて，これまで確率変数がスカラーのときには，大文字で〈確率変数〉を，小文字

によって〈特定の数値〉を表すような記号の使い分けをしてきました。が，原則として，今後このような区別を行いません。行列等を大文字で表すことがありますので，行列そのものを〔確率変数からなる行列〕として扱う時などに，整合がとれなくなることを避ける意味もあります。

ここで，平均値 0 とすると扱いが簡潔ですので，以降，

$$\mathbf{x}-E[\mathbf{x}]=\begin{bmatrix}x_1-Ex_1\\x_2-Ex_2\end{bmatrix}$$

をあらためてベクトル $\mathbf{x}$，要素 x_1，x_2 とします。よって，あらたな要素 x_1，x_2 を平均値 0 として扱います。

ここで，〔平均値 0 のベクトル〕の分散として，次のような「共分散行列」（Covariance Matrix）を定義します。

$$E[\mathbf{x}\mathbf{x}^T]=E\left[\begin{bmatrix}x_1\\x_2\end{bmatrix}\quad\begin{bmatrix}x_1 & x_2\end{bmatrix}\right]$$

$$=E\begin{bmatrix}x_1^2 & x_1x_2\\x_2x_1 & x_2^2\end{bmatrix}=\begin{bmatrix}E[x_1^2] & E[x_1x_2]\\E[x_2x_1] & E[x_2^2]\end{bmatrix}$$

共分散行列における対角要素は，x_1, x_2 の独立な確率密度関数のみで決まりますが，非対角要素は x_1，x_2 の結合した 2 変数の確率密度関数が必要になります（この場合 2 つの非対角要素は同じ値となります）。複数の確率変数に関わる確率密度関数を「**結合確率密度関数**」（Joint Probability Density Function）と呼び，

$$f_{x_1x_2}(x_1,x_2)$$

と表します。この結合確率密度関数に dx_1dx_2 を乗じれば，

$$f_{x_1x_2}(x_1,x_2)dx_1dx_2=\mathrm{Prob}\{x_1<X_1\leq x_1+dx_1;\ x_2<X_2\leq x_2+dx_2\}$$

となります。

以上では 2 要素からなるベクトルを扱ってきましたが，一般論として，N 次のベクトル（各要素の平均を 0 とする）を考えれば，共分散行列の kl 要素は $E[x_k\,x_l]$ となります。この計算には結合確率密度関数　$f_{x_kx_l}(x_k,x_l)$ が必要となります。$E[x_k\ x_l]$ は以下のように計算されます。

$$E[x_k\,x_l]=\int_{-\infty}^{\infty}\int_{-\infty}^{\infty}\xi\cdot\eta\,f_{x_k\,x_l}(\xi,\eta)\,d\xi\,d\eta$$

この共分散行列は，確率変数が時間の関数となる「**確率過程**」の議論においても再び登場しますので，記憶にとどめておいて下さい。

以上で，確率の表現方法，平均・分散・共分散について述べました。関連して，次節では，確率システムに触れます。

5-2　確率システム

システムになんらかの刺激が加わると，システムはそれに反応して挙動します。この段階では，当面，刺激・反応をそれぞれ「入力」・「出力」と呼んでおきます（後に述べますが，厳密な意味では，この「出力」の呼称は必ずしも正確ではありません。が，しばらくこう呼びます）。

図 5-2 は，システムにおける入出力の関係を表しています。

この図は，入力がシステムに入ると（専門的には，これを「入力が印加される」と言います），システムの性質を反映した出力が出てくる，という状況を表現しています。当然ですが，同じ入力が印加されたとしても，システムが異なれば出力は異なります。したがって，入力と出力を見比べることで——つまり入出力の関係を考えることで——「システム」の特性推測も可能となります。

図 5-2

システムへの入力が k 倍になったときに，出力も k 倍になるようならば，考えているシステムは線形です。このようなシステムを「**線形システム**」（Linear System）と言います。

線形システムにおいては，複数の入力，u_1，u_2，…，u_n が同時に印加されるときの出力は，〔u_1 が加わるときの出力〕，〔u_2 が加わるときの出力〕，…，〔u_n が加わるときの出力〕を別々に求めたものを足し合わせて計算できます。これを「重ね合わせの原理」と言います。

「重ね合わせの原理」の成立は，「線形システム」の重要な性質となります。しかし，重ね合わせの成立しないシステムもあります。このようなシステムが，「非線形システム」（Nonlinear System）です。

線形システムであれ，非線形システムであれ，確定している入力（確定入力）が加われば出力も確定値となります。しかし，事前に入力を完全に把握できるような状況は必ずしも多くありません。

たとえば，建築構造物への代表的な入力となる「地震」の大きさや性状を，事前に確定することは難しく，地震応答となる出力を確定値として予測することはほぼ不可能です。構造設計にあたって，どんな大きさの，どんな性質の地震を対象として応答予測をしておくべきかは，地震国・日本において「永遠の課題」であるとも言えます。

このような場合，入力を確率変数として扱うことができます。入力が確率変数となってバラツキ・変動を有するのであれば，出力も同様に確率変数となります。

さらに，多くの建築物は一品生産品となるので，構造システムとしての性質を 100% 正確に，少なくとも完成前に，把握することは容易ではありません。「機械システム」の代表格である自動車のように何万台も生産するのであれば，完成品を用いた実物実験による，システムとしての特性把握も可能ですが，自動車でさえ個々の製品ごとに多少のバラツキは避けられません。

こう見ると，システム自体も，少なくとも〔応答予測のための解析〕という観点からは，確率的な扱いが必要になります。

入力が曖昧さやバラツキを含む確率変数となるにせよ，システムが曖昧さやバラツキを含むにせよ，どちらの場合も応答予測にあたっての出力は確率変数となります。

このように，出力が確率変数となるシステム，あるいは出力の確率論的・統計論的な扱いがふさわしいようなシステムを「確率システム」（Stochastic System あるいは Probabilistic System）と言います。「確率システム問題」は，システム工学における大きな一分野を占めており，システム制御やシステム推定にも密接に関連してきます。

5-3　確率過程と自己相関関数

確率過程

時刻によって変化する波が「時刻歴」です。各時刻の値が確率変数となる「時刻歴」が「確率過程」です。

確率過程のことを，英語では Random Process あるいは Stochastic Process と言います。Random は「不規則な」という意味で，Stochastic は「確率的な」といった意味です。各時刻における値がなんらかの確率分布に支配されていて 1 つの値に特定できない，それが確率過程です。

どの時刻における確率密度関数もすべて共通であるものを「定常」（Stationary），確率密度関数が時刻ごとに異なるものを「非定常」（Non-stationary）と呼びます。

いくつものサンプル（標本）が存在していて，どのサンプルが現実に現れてくるかは分からない，という状況を扱うための「モデリング」が確率過程であると考えて下さい。

たとえば，ある1つのサンプルを取り出し，このサンプル時刻歴を $x_S(t)$ と表すことにします。この時刻歴の Fourier 変換（Fourier 変換についてはすでに第3章で述べました）は次のようになります。

$$X_S(j\omega)=\int_{-\infty}^{\infty}x_S(t)e^{-j\omega t}dt$$

確認のため言っておけば，これまでもずっと本書では，$\sqrt{-1}$ を表す虚数単位を i ではなく j によって表しています。この Fourier 変換 $X_S(j\omega)$ は複素数となりますから

$$X_S(j\omega)=|X_S(j\omega)|e^{j\theta_S(\omega)}$$

のように表すことが可能です。絶対値の部分は「ゲイン」と呼ばれ，$e^{j\omega t}$ に対する「振幅」にあたります。そして，$\theta_S(\omega)$ は「位相」を表します。

ω を横軸に，ゲイン $|X_S(j\omega)|$ を縦軸にとってプロットしたものを Fourier Spectrum と呼びます。ゲインはサンプルによって変化しないけれど，位相 $\theta_S(\omega)$ が確率量となれば（つまり位相の実現値はサンプルごとに異なる），$\theta_S(\omega)$ の別の組み合わせの実現値を生成することで，別のサンプル（標本）を作り出すことができます。つまり，Fourier 変換の絶対値は同じであるが，$\theta(\omega)$ の実現値が異なれば，異なる時刻歴のサンプルが得られます。

これが多くの場合の「確率過程」の考え方となります。確率過程論においては，位相 $\theta(\omega)$ だけが異なるものとするモデリングがよく用いられます。

よって，Fourier Spectrum が与えられたとき，ω に対応する $\theta_s(\omega)$ の組み合わせを複数生成して，次のように

$$x_S(t)=\frac{1}{2\pi}\int_{-\infty}^{+\infty}|X_S(j\omega)|e^{j\theta_S(\omega)}e^{j\omega t}d\omega \tag{5.3.1}$$

とする逆 Fourier 変換を行えば，複数の時刻歴サンプル（時刻歴標本）を作ることができます。

自己相関関数

ここで，確率過程における「自己相関関数」（Autocorrelation Function）を考えます。〔実関数となる確率過程〕の自己相関関数は

$$E[x(t)x(s)]=R_x(t,s)$$

と定義されます（この s は時刻を表しており，Laplace 変換の s とは無関係です）。

繰り返しになりますが，確率過程では，どの時刻における値も確率変数です。したがって，この式は，時刻 t と時刻 s における値の積，$x(t)x(s)$，の集合平均を意味しています（サンプルごとに積を計算し，その期待値を求めています）。

$x(t)$ も $x(s)$ も平均が 0 となることが分かっているとすれば，この自己相関関数は，$x(t)$ と $x(s)$ の「共分散」にあたります。

上の式では，自己相関関数を一般的に t と s の関数としていますが，「定常確率過程」（Stationary Random Process）であれば，$s-t$ の関数とすることができます。つまり，自己相関関数が時間差のみの関数となり，時間差が同じであれば，どの時刻とどの時刻の相関を考えているかに関係なく，同じ結果となるのです。

このような自己相関関数は

$$E[x(t)x(t+\tau)] = R_x(\tau)$$

と表示されます。確率過程が「定常」であるときに限って，自己相関関数はこのように時間差のみの関数として扱われます。

定常であれば，上の式において，t に特別な意味はなくなりましたので，$t+\tau$ を s と表せば，

$$E[x(s-\tau)x(s)] = E[x(s)x(s-\tau)] = R_x(-\tau)$$

のようにも表現できますので，結局

$$R_x(-\tau) = R_x(\tau)$$

定常確率過程の自己相関関数は，時間差 τ に関する偶関数となることが分かります。

一般的に言えば，τ が大きくなるほど，2 つの値の相関は薄れやすくなるので，自己相関関数の値は小さくなります。また，確率過程の中に「ある周期」の波が卓越して多く含まれていれば，その周期の整数倍に当たる τ に対する自己相関関数の値は大きな値となることが予想できます。

特別な場合として $\tau=0$ を考えると，

$$R_x(0) = E[x(t)x(t)] = E[x^2(t)]$$

のように二乗平均値となります。定常確率過程においては時刻 t に特別な意味はなくなりますので，二乗平均値はどの時刻においても共通です。

以上の議論では，〈実数〉の定常確率過程を考えていました。確率過程が複素数となるときはどうでしょうか。この場合の自己相関関数を

$$E[x^*(t)x(t+\tau)] = R_x(\tau)$$

と定義します。

この定義式に τ=0 を代入すれば

$$R_x(0) = E[x^*(t)x(t)] = E[|x(t)|^2]$$

となります。繰り返し述べていますが，定常では t に特別の意味はありませんので，$R_x(0)$ は，すべての時刻に共通の二乗平均値となります。複素数を対象とするときの二乗平均値は，絶対値の二乗平均を意味します。

ここで，$R_x(-\tau)$ を計算してみると

$$R_x(-\tau) = E[x^*(t)x(t-\tau)] = E[x(s)x^*(s+\tau)]$$

$$= \{E[x^*(s)x(s+\tau)]\}^* = \{R_x(\tau)\}^* = R_x^*(\tau)$$

$$\therefore R_x(-\tau) = R_x^*(\tau)$$

つまり,〔複素数となる定常確率過程〕では

$$R_x(\pm\tau) = R_x^*(\mp\tau)$$

の関係があることになります。自己相関関数は τ に関して偶関数ではなく，共役の関係となります。

$x(t) = Xe^{j\mu t}$ として，上で挙げた,〔複素関数となる定常確率過程〕の自己相関関数の性質を確認しておきます。この例では，X が確率変数，μ は確定量です。

$R_x(\tau)$と $R_x(-\tau)$ をそれぞれ計算してみます。

$$R_x(\tau) = E[x^*(t)x(t+\tau)] = E\left[X^*e^{-j\mu t}Xe^{j\mu(t+\tau)}\right] = E[XX^*]e^{j\mu\tau} = E[|X|^2]e^{j\mu\tau}$$

$$R_x(-\tau) = E[x^*(t)x(t-\tau)] = E\left[X^*e^{-j\mu t}Xe^{j\mu(t-\tau)}\right] = E[XX^*]e^{-j\mu\tau}$$

$$= E[|X|^2]e^{-j\mu\tau}$$

となって，$R_x(-\tau) = R_x^*(\tau)$ が確認できました。

5-4　Power Spectral 密度と白色雑音

すでに第 3 章の Fourier 変換の基本において, Fourier 変換結果から Power Spectral 密度が計算できることを述べました。が，本節では，自己相関関数から Power Spectral 密度を求めてみます。

Power Spectral 密度

自己相関関数 $R_x(\tau)$ の Fourier 変換を $2\pi S_x(\omega)$ と表すとき，この$S_x(\omega)$ もまた Power Spectral 密度（Power Spectral Density）となります。つまり，

$$2\pi S_x(\omega) = \int_{-\infty}^{+\infty} R_x(\tau) e^{-j\omega\tau} d\tau$$

あるいは

$$S_x(\omega) = \frac{1}{2\pi}\int_{-\infty}^{+\infty} R_x(\tau) e^{-j\omega\tau} d\tau \tag{5.4.1}$$

となります。

確率過程が実数であれば，$R_x(\tau)$ は偶関数。そして， $e^{-j\omega\tau}$ は $\cos\omega\tau - j\sin\omega\tau$ ですから，〔τ に関して偶関数の実部〕と〔τ に関して奇関数の虚部〕に分解できます。よって， $R_x(\tau)e^{-j\omega\tau}$ を積分すると，偶関数となる実部のみが残り，$S_x(\omega)$ は必ず実数となります。ですから，$S_x(\omega)$ の表示において（ ）の中には j を含んでいません。また，上の積分で，$e^{-j\omega\tau}$ を $e^{j\omega\tau}$ に置き換えると$S_x(-\omega)$となりますが， $R_x(\tau)$は偶関数ですので，$S_x(-\omega) = S_x(\omega)$ の関係にあります。

ここで，$R_x(-\tau)$ の Fourier 変換を行うと

$$\frac{1}{2\pi}\mathscr{F}\{R_x(-\tau)\} = \frac{1}{2\pi}\int_{-\infty}^{+\infty} R_x(-\tau) e^{-j\omega\tau} d\tau = \frac{1}{2\pi}\int_{+\infty}^{-\infty} R_x(\eta) e^{j\omega\eta} d(-\eta)$$

$$= \frac{1}{2\pi}\int_{-\infty}^{+\infty} R_x(\eta) e^{j\omega\eta} d\eta = \frac{1}{2\pi}\int_{-\infty}^{+\infty} R_x(\eta) e^{-j(-\omega)\eta} d\eta = S_x(-\omega)$$

となるので，$S_x(-\omega)$ は $R_x(-\tau)$ に対応する Power Spectral 密度を表していると理解することもできます。

$2\pi S_x(\omega)$ は $R_x(\tau)$ の Fourier 変換ですので，Power Spectral 密度の逆 Fourier 積分によって自己相関関数を求めることもできます。

$$R_x(\tau) = \frac{1}{2\pi}\int_{-\infty}^{+\infty} 2\pi S_x(\omega) e^{+j\omega\tau} d\omega = \int_{-\infty}^{+\infty} S_x(\omega) e^{+j\omega\tau} d\omega$$

$S_x(\omega)$ と $R_x(\tau)$ の以下の関係

$$S_x(\omega) = \frac{1}{2\pi}\int_{-\infty}^{+\infty} R_x(\tau) e^{-j\omega\tau} d\tau\ ; \quad R_x(\tau) = \int_{-\infty}^{+\infty} S_x(\omega) e^{+j\omega\tau} d\omega$$

を Wiener-Khinchin（ウィーナー＝ヒンチン）関係と呼びます。

ここで，上式の 2 番目，右側の $R_x(\tau)$ を表す式において，$\tau=0$ とおくと，

$$R_x(0)=\int_{-\infty}^{+\infty}S_x(\omega)d\omega$$

が得られます。左辺は二乗平均値ですから，〔Power Spectral 密度の ω 全領域にわたる積分〕は二乗平均値を表す，という事実が確認できます。

では，複素数となる確率過程を考えたときは，どうなるでしょうか。

複素数の確率過程であっても Wiener-Khinchin 関係は，次の通り同様です。

$$S_x(\omega)=\frac{1}{2\pi}\int_{-\infty}^{\infty}R_x(\tau)e^{-j\omega\tau}d\tau \tag{5.4.2}$$

ここで，前節の末尾で考えた $x(t)=Xe^{j\mu t}$（88 ページ）を例に，Power Spectral 密度を計算してみます。$R_x(\tau)=E[|X|^2]e^{j\mu\tau}$ でしたから

$$S_x(\omega)=\frac{1}{2\pi}\int_{-\infty}^{\infty}E[|X|^2]e^{j\mu\tau}e^{-j\omega\tau}d\tau$$

$$=\ E[|X|^2]\ \frac{1}{2\pi}\int_{-\infty}^{\infty}e^{-j(\omega-\mu)\tau}d\tau=\ E[|X|^2]\delta(\omega-\mu)$$

この式は，$\omega=\mu$ のところにだけ Delta 関数で表される Power Spectral 密度が存在していて，他の ω では Power Spectral 密度は 0 となることを意味しています。この $S_x(\omega)$ を積分すれば，

$$\int_{-\infty}^{+\infty}S_x(\omega)d\omega=\ E[|X|^2]\int_{-\infty}^{+\infty}\delta(\omega-\mu)d\tau=\ E[|X|^2]$$

となって二乗平均値になります。

以上は具体的な例での議論でしたが，〔複素数となる確率過程〕の Power Spectral 密度，$S_x(\omega)$，は実数となるでしょうか？

複素数の確率過程 $x(t)$ を対象とすると，自己相関関数は，88 ページでも示したように，

$$R_x(-\tau)=E[x^*(t)x(t-\tau)]$$

$$=E[x^*(s+\tau)x(s)]=E[\{x(s)x^*(s+\tau)\}^*]=R_x^*(\tau)$$

と表されます。つまり，$R_x(-\tau)$ は $R_x(\tau)$ の共役になっています。この事実をもとに，式 (5.4.1) の $S_x(\omega)$ の計算において，積分変数 τ を負側と正側に分けてみます。

$$S_x(\omega) = \frac{1}{2\pi}\int_{-\infty}^{+\infty} R_x(\tau)e^{-j\omega\tau}d\tau = \frac{1}{2\pi}\left\{\int_{-\infty}^{0} R_x(\tau)e^{-j\omega\tau}d\tau + \int_{0}^{+\infty} R_x(\tau)e^{-j\omega\tau}d\tau\right\}$$

$$= \frac{1}{2\pi}\left\{\int_{+\infty}^{0} R_x(-\eta)e^{-j\omega(-\eta)}(-d\eta) + \int_{0}^{+\infty} R_x(\tau)e^{-j\omega\tau}d\tau\right\}$$

$$= \frac{1}{2\pi}\left\{\int_{0}^{+\infty} R_x(-\tau)e^{j\omega\tau}d\tau + \int_{0}^{+\infty} R_x(\tau)e^{-j\omega\tau}d\tau\right\}$$

ここで，上で確認した $R_x(-\tau) = R_x^*(\tau)$ の関係を適用すると，上式は

$$S_x(\omega) = \frac{1}{2\pi}\left\{\int_{0}^{+\infty} R_x^*(\tau)e^{j\omega\tau}d\tau + \int_{0}^{+\infty} R_x(\tau)e^{-j\omega\tau}d\tau\right\}$$

$$= \frac{1}{2\pi}\int_{0}^{+\infty} \left\{R_x^*(\tau)e^{j\omega\tau} + R_x(\tau)e^{-j\omega\tau}\right\}d\tau$$

{ }の中の第 1 項と第 2 項は，共役の複素数同士を乗じたものですから，互いに共役の複素数であり，{ }の内部には実部のみが残ります。よって，Power Spectral 密度は実数となります。実数となることを明確に示す意味では

$$S_x(\omega) = \frac{1}{\pi}\int_{0}^{+\infty} Re\left\{R_x(\tau)e^{-j\omega\tau}\right\}d\tau$$

と書くこともできます。ただし，$Re\{\ \}$ は実部を表します。

また，もう一方の Wiener-Khinchin 関係

$$R_x(\tau) = \int_{-\infty}^{+\infty} S_x(\omega)e^{j\omega\tau}d\omega \tag{5.4.3}$$

において $\tau = 0$ とすれば，左辺は，

$$R_x(0) = E[x^*(t)x(t)] = E[|x(t)|^2] \tag{5.4.4}$$

のように二乗平均値となるので，式 (5.4.3)は

$$E[|x(t)|^2] = \int_{-\infty}^{+\infty} S_x(\omega)d\omega \tag{5.4.5}$$

となります。これは右辺の積分が実数となることを示しています。この例として，すでに $x(t) = Xe^{j\mu t}$ の場合について，以下の結果を挙げています。

$$\int_{-\infty}^{+\infty} S_x(\omega)d\omega = E[|X|^2]\int_{-\infty}^{+\infty} \delta(\omega - \mu)d\tau = E[|X|^2]$$

以上，複素数の自己相関関数を考えてきましたが，次に「**相互相関関数**」に触れておきます。異なる 2 つの定常な複素確率過程 $x(t)$と $y(t)$を対象とする相互相関関数 (Cross-Correlation Function) は次のように定義されます。

$$R_{xy}(\tau) = E[x^*(t)y(t+\tau)]$$

$x(t)$が共役になっていることに注意してください。この定義から

$$R_{xy}(-\tau) = E[x^*(t)y(t-\tau)] = E[x^*(s+\tau)y(s)] = \{E[y^*(s)x(s+\tau)]\}^*$$
$$= R^*_{yx}(\tau)$$

となるので，次の関係があることになります。

$$R_{xy}(-\tau) = R^*_{yx}(\tau)$$

相互相関関数に Wiener-Khinchin 関係をあてはめると Cross-Power Spectral 密度（Cross-Power Spectral Density）が得られます。Cross-Power Spectral 密度は，

$$S_{xy}(\omega) = \frac{1}{2\pi}\int_{-\infty}^{\infty} R_{xy}(\tau)e^{-j\omega\tau}d\tau$$

で計算され，逆変換は

$$R_{xy}(\tau) = \int_{-\infty}^{\infty} S_{xy}(\omega)e^{j\omega\tau}d\tau$$

となります。こちらの式に $\tau = 0$ を当てはめると

$$R_{xy}(0) = E[x^*(t)y(t)] = \int_{-\infty}^{\infty} S_{xy}(\omega)d\omega$$

です。この式から分かるように，複素過程であれば，$R_{xy}(0)$ は複素数となります。$S_{xy}(\omega)$ が実数であるとこの積分は実数となってしまいますので，Cross-Power Spectral 密度は，複素過程を対象とする場合，実数ではなく複素数となります。

$S_{xy}(\omega)$ を計算してみます。

$$S_{xy}(\omega) = \frac{1}{2\pi}\int_{-\infty}^{\infty} R_{xy}(\tau)e^{-j\omega\tau}d\tau$$
$$= \frac{1}{2\pi}\int_{-\infty}^{0} R_{xy}(\tau)e^{-j\omega\tau}d\tau + \frac{1}{2\pi}\int_{0}^{\infty} R_{xy}(\tau)e^{-j\omega\tau}\,d\tau$$
$$= \frac{1}{2\pi}\left\{-\int_{\infty}^{0} R_{xy}(-\rho)e^{j\omega\rho}d\rho + \int_{0}^{\infty} R_{xy}(\tau)e^{-j\omega\tau}\,d\tau\right\}$$
$$= \frac{1}{2\pi}\left\{\int_{0}^{\infty} R_{xy}(-\rho)e^{j\omega\rho}d\rho + \int_{0}^{\infty} R_{xy}(\tau)e^{-j\omega\tau}\,d\tau\right\}$$

さらに計算をつづけると

$$S_{xy}(\omega) = \frac{1}{2\pi}\left\{\int_0^\infty R_{yx}^*(\tau)e^{j\omega\tau}d\tau + \int_0^\infty R_{xy}(\tau)e^{-j\omega\tau}\,d\tau\right\} \tag{5.4.6}$$

で計算されます。最後の式において，積分第 1 項と積分第 2 項は互いに共役にはなっていませんので，結果は複素数になります。

ただし，現実に計測されるデータは複素数でなく実数ですから，

$$\begin{aligned} R_{yx}^*(\tau) &= E[\,y^*(t)x(t+\tau)] = E[\,y(t)x(t+\tau)] \\ &= E[\,y(s-\tau)x(s)] = E[x(s)y(s-\tau)] = R_{xy}(-\tau) \end{aligned}$$

になるので，式 (5.4.6) は

$$\begin{aligned} S_{xy}(\omega) &= \frac{1}{2\pi}\left\{\int_0^\infty R_{xy}(-\tau)e^{j\omega\tau}d\tau + \int_0^\infty R_{xy}(\tau)e^{-j\omega\tau}\,d\tau\right\} \\ &= \frac{1}{2\pi}\left\{\int_0^\infty R_{xy}(\tau)e^{j\omega\tau}d\tau + \int_0^\infty R_{xy}(\tau)e^{-j\omega\tau}\,d\tau\right\} \\ &= \frac{1}{2\pi}\int_0^\infty R_{xy}(\tau)\left\{e^{j\omega\tau} + e^{-j\omega\tau}\right\}d\tau \end{aligned}$$

であり，{ }は $2\cos(\omega\tau)$ となるため実数となります。

白色雑音

非常に特殊な場合として，$S_x(\omega)$ が ω にかかわらず一定値となる確率過程を考えます。すでに触れたように，このような過程は白色雑音あるいは White Noise（ホワイト・ノイズ）と呼ばれます。

Power Spectral 密度が一定値ですので，$S_x(\omega) = S_0$ と表せば

$$R_x(0) = \int_{-\infty}^\infty S_0 d\omega = S_0\int_{-\infty}^\infty 1\,d\omega$$

の関係から，二乗平均値は∞となってしまいます。さらに，$R_x(\tau)$と $S_x(\omega)$ の関係から

$$R_x(\tau) = \int_{-\infty}^\infty S_0 e^{+j\omega\tau}d\omega = S_0\int_{-\infty}^\infty e^{+j\omega\tau}d\omega$$

となります。上式の第 3 辺（最右辺）の積分

$$\int_{-\infty}^\infty e^{+j\omega\tau}d\omega$$

は，$\tau \neq 0$ であれば 0 ですから（すでに触れました），白色雑音の自己相関関数は $\tau = 0$

を除き 0 となります。つまり，白色雑音は，たとえわずかでも時間差のある 2 つの値の間にはいっさいの相関がない，という特殊な時刻歴となります。

白色雑音は，システム制御においても，システム推定においても重要な役割を果たします。次節の議論を経てから，もう一度白色雑音の議論に戻ります。

5-5　1 つの標本過程から自己相関関数・PSD を求める

5-4 節では，多くの標本過程があって，その集合平均から自己相関関数を求めました。この節では，1 つの標本過程のみから自己相関関数を計算し，それをもとに Power Spectral 密度（PSD）を求めてみます。ただし，ここで取り扱う「過程」は，定常で，実数関数であるものとします。

ひとつの標本過程，$x(t)$，を用いて，$-L/2$～$L/2$ までのデータに基づいて，以下のように自己相関関数を計算します。

$$R_{xL}(\tau) = \frac{1}{L}\int_{-L/2}^{L/2} x(t)x(t+\tau)dt \tag{5.5.1}$$

このようにして求める方法を「時間平均」（Temporal Average）と呼びます。この計算を行うとき，τ を正とすれば，厳密に言えば$-L/2$～$(L/2)+\tau$ までのデータがないと計算できません。しかし，定常な確率過程であることを考慮して，不足する $L/2$～$(L/2)+\tau$ までのデータについては，0 ～ τ のデータを用いるものとします。τ が正であるものとして数学的に表せば，

$$R_{xL}(\tau) = \frac{1}{L}\left\{\int_{-L/2}^{(L/2)-\tau} x(t)x(t+\tau)dt + \int_{(L/2)-\tau}^{L/2} x(t)x\left(t-\frac{L}{2}+\tau\right)dt\right\}$$

とする操作をすることになります。ただし，いちいちこのようには表記せずに式(5.5.1)のように書くことにします。

また，確認になりますが，$-L/2$～$L/2$ までのデータに基づいて計算するので，得られる自己相関関数における τ の範囲は$-L/2$～$L/2$ となります。

ですが，式 (5.5.1) において，

$$R_x(\tau) = \lim_{L\to\infty}\frac{1}{L}\int_{-L/2}^{L/2} x(t)x(t+\tau)dt$$

のように $L\to\infty$ の極限をとれば，τ の範囲は$-\infty$～∞となります。

式 (5.5.1) の自己相関関数 $R_{xL}(\tau)$ を Fourier 変換して $1/(2\pi)$ を乗じ，Power Spectral

密度を計算してみます。

$$S_{xL}(\omega)=\frac{1}{2\pi}\int_{-L/2}^{L/2}R_{xL}(\tau)e^{-j\omega\tau}d\tau=\frac{1}{2\pi}\int_{-L/2}^{L/2}\left\{\frac{1}{L}\int_{-L/2}^{L/2}x(t)x(t+\tau)dt\right\}e^{-j\omega\tau}d\tau$$

L を大きくとれば真の $S_x(\omega)$に近づきますので

$$S_x(\omega)=\lim_{L\to\infty}S_{xL}(\omega)$$

となります。よって

$$S_x(\omega)=\lim_{L\to\infty}\frac{1}{2\pi L}\int_{-\frac{L}{2}}^{\frac{L}{2}}x(t)\left\{\int_{-\frac{L}{2}}^{\frac{L}{2}}x(t+\tau)e^{-j\omega\tau}d\tau\right\}dt \tag{5.5.2}$$

式(5.5.2)の右辺の｛　｝部分は

$$\left\{\int_{-\frac{L}{2}}^{\frac{L}{2}}x(t+\tau)e^{-j\omega\tau}d\tau\right\}=e^{j\omega t}\int_{-\frac{L}{2}}^{\frac{L}{2}}x(t+\tau)e^{-j\omega(t+\tau)}d\tau=e^{j\omega t}\int_{-\frac{L}{2}+t}^{\frac{L}{2}+t}x(\rho)e^{-j\omega\rho}d\rho \tag{5.5.3}$$

ここで，式 (5.5.3) において

$$x_L(t)=\begin{cases}x(t), & -\dfrac{L}{2}\le t\le\dfrac{L}{2}\\ 0, & \text{上記以外}\end{cases}$$

と表記すれば，

$$\left\{\int_{-\frac{L}{2}}^{\frac{L}{2}}x(t+\tau)e^{-j\omega\tau}d\tau\right\}=e^{j\omega t}\int_{-\infty}^{\infty}x_L(\rho)e^{-j\omega\rho}d\rho=e^{j\omega t}X_L(j\omega)$$

この結果を式 (5.5.2) に反映させて

$$S_x(\omega)=\lim_{L\to\infty}\frac{1}{2\pi L}\int_{-\frac{L}{2}}^{\frac{L}{2}}x(t)e^{j\omega t}X_L(j\omega)\,dt=\lim_{L\to\infty}\frac{1}{2\pi L}\int_{-\frac{L}{2}}^{\frac{L}{2}}x(t)e^{j\omega t}\,dt\cdot X_L(j\omega)$$

$$=\lim_{L\to\infty}\frac{1}{2\pi L}\int_{-\infty}^{\infty}x_L(t)e^{j\omega t}dt\cdot X_L(j\omega)=\lim_{L\to\infty}\frac{1}{2\pi L}X_L(-j\omega)\cdot X_L(j\omega)$$

よって

$$S_x(\omega)=\lim_{L\to\infty}\frac{X_L(-j\omega)\cdot X_L(j\omega)}{2\pi L}=\lim_{L\to\infty}\frac{|X_L(j\omega)|^2}{2\pi L}$$

となって，第 3 章 3-8（54 ページ）と同様の結果にたどり着きます。

このようにして「時間平均」をもとに求めた自己相関関数や Power Spectral 密度 (PSD) が，多くの標本をもとにした「集合平均」による結果と同じであるという保証はありません。しかし，必ずしも同条件下で多くの標本が得られるとは限りません。そこで，定常な確率過程に限って，1 つの標本の「時間平均」から求まる自己相関関数や PSD を「集合平均」から求まるものと変わらないもの，として取り扱ってしまうことも少なくありません。「時間平均」と「集合平均」の結果が同様であることを，Ergodic（エルゴディック）である，あるいは Ergod（エルゴード）性が成立する，と言います。

5-6　cos と sin の積分と Delta 関数，そして白色雑音

ここで，cos と sin の積分に関する確認と，それに関連させて Delta 関数を確認します。すでに述べたことも含めて，いくつかの基本的な事項の確認も行っておきます。

$\cos(\omega t)$，$\sin(\omega t)$ はともに，-1 と $+1$ の間を往復する関数です。

ω は「円振動数」「角振動数」あるいは「角周波数」などと呼ばれますが，単に振動数と呼ばれることもあります。本書では，ω を指すときに振動数という呼称を主に用いてきました。ω は，角振動数という名称があることからも分かるように，1 秒間に何ラジアン回転するかを表します。ですから，ω の単位は，radian/s（s は second（秒）を表します）となります。

図 5-3 のような単位円を考えれば，左回りに回転するにしたがって，角度は 0° から 360° まで動きます。360° のラジアン表示は 2π ですので，一周すると 0 から 2π まで変化することになり，$\cos(2\pi) = \cos(0)$，$\sin(2\pi) = \sin(0)$ですので，2π 回転して一周するともとに戻ります。

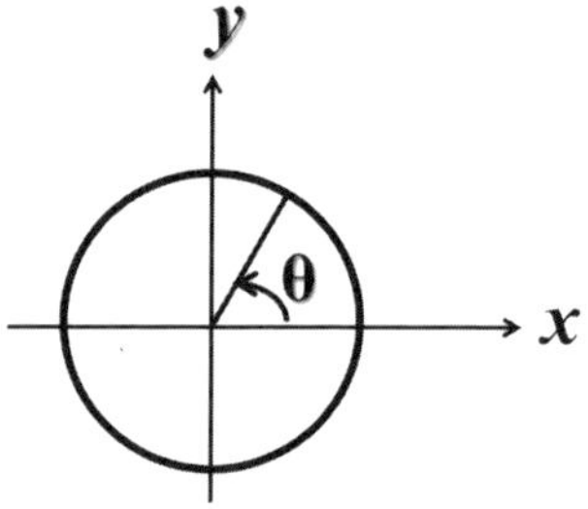

図 5-3

一周するのに要する時間を「周期」と言います。周期を T_f と表せば，周期は

$$T_f = \frac{2\pi}{\omega}$$

で求められます。

振動数の表現方法として，ω に加えて〈周波数〉f があります。周波数は，**図 5-3** の円で言えば，1 秒間に何周するかを表しています。2π ラジアン回転すると一周したことになりますので，ω を 2π で割れば f が求まり，

$$f = \frac{\omega}{2\pi} = \frac{1}{T_f}$$

の関係があります。$\omega = 2\pi f$ と表示できるので，$\cos(\omega t)$，$\sin(\omega t)$ を $\cos(2\pi ft)$，$\sin(2\pi ft)$ と表示することもできます。

1 周を 1 サイクル（1 cycle）と呼び，周波数の単位は cycles/s となります。この cycles/s を Hz と表示します。

復習もかねながら，本題に入ります。

cos および sin を 1 サイクル分積分すると必ず 0 になります。これを前提として，

$$\int_{-\infty}^{\infty} \cos(\omega t)\, dt \;\; ; \int_{-\infty}^{\infty} \sin(\omega t)\, dt$$

において〔積分範囲 $t = -\infty$ 〜∞の中にちょうど整数個のサイクルが含まれる〕と考えて，〔cos および sin の，$t = -\infty$ 〜∞ にわたる積分〕を 0 として扱います。つまり

$$\int_{-\infty}^{\infty} \cos(\omega t)\, dt = 0 \;\; ; \int_{-\infty}^{\infty} \sin(\omega t) dt = 0$$

ただし，$\omega = 0$ となるときの cos の積分に関しては $\cos(0) = 1$ となるので ∞ に発散してしまいます。そこで，いちいち場合分けをせずに，$\omega = 0$ であるか否かにかかわらず，以下のように表すことにします。

$$\int_{-\infty}^{\infty} \cos(\omega t)\, dt = 2\pi\delta(\omega)$$

この $\delta(\omega)$が（Dirac の）Delta 関数で，$\omega = 0$ では∞，$\omega \neq 0$ では 0 となります。

Euler の公式により，$\cos(\omega t) \pm j \sin(\omega t) = e^{\pm j\omega t}$ の関係がありますので，

$$\int_{-\infty}^{\infty} \{\cos(\omega t) \pm j \sin(\omega t)\} dt = \int_{-\infty}^{\infty} e^{\pm j\omega t}\, dt = 2\pi\delta(\omega)$$

も成立します。 $\sin(\omega t)$ は t に関して奇関数ですから，$-\infty$〜$+\infty$ まで積分すると 0 になります。この式の中間と右の辺の関係において ± のうちの − を考えれば，形式的には 1 の Fourier 変換を表現しています。Fourier 変換を逆 Fourier 変換すればもとの 1 に戻るはずで，

$$1 = \frac{1}{2\pi}\int_{-\infty}^{\infty}[2\pi\delta(\omega)]e^{+j\omega t}d\omega = \int_{-\infty}^{\infty}\delta(\omega)e^{+j\omega t}\,d\omega$$

となります。右辺の積分内において，$\delta(\omega)$ が 0 以外の値をもつのは $\omega = 0$ のときのみですので，

$$\int_{-\infty}^{\infty}\delta(\omega)e^{+0}\,d\omega = \int_{-\infty}^{\infty}\delta(\omega)\,d\omega = 1$$

でもあります。つまり，Delta 関数は $\omega = 0$ のとき ∞ となりますが，積分すると 1 になります。

白色雑音の生成

ここで，白色雑音をもう一度考えてみます。

白色雑音は，あらゆる振動数に対して一定の Power Spectral 密度 (PSD) を有しています。PSD の大きさを S_0 と表して，その積分によって自己相関関数を表現すれば，

$$R_x(\tau) = S_0\int_{-\infty}^{\infty}e^{+j\omega\tau}d\omega$$

右辺の積分部分は，Delta 関数によって表現できますので，結局，

$$R_x(\tau) = S_0\int_{-\infty}^{\infty}e^{+j\omega\tau}d\omega = S_0\cdot 2\pi\delta(\tau) = 2\pi S_0\delta(\tau)$$

これが，白色雑音の自己相関関数を表す式となります。自己相関関数が時間差 τ のみによって表されていますので，この表現は，正確には〔定常白色雑音の自己相関関数〕です。

ちなみに言えば，非定常な白色雑音の自己相関関数は，次のようになります。

$$R_x(t,s) = E[x(t)x(s)] = 2\pi S(t,s)\,\delta(s-t)$$

Delta 関数は，t と s が一致する場合しか値をもちませんので，最後の $\delta(s-t)$ の表示を $\delta(t-s)$ としても差し支えありません。

定常であれ，非定常であれ，白色雑音の自己相関関数は，2 つの値の時刻に少しでも差があれば，相関がまったくなく，0 になるという事実を式のうえでも明らかにしています。

以上の事実は，現時点のわずかに先の値であっても，両者の値にはいっさいの相関が存在せず，予測不可能であることを意味します。ですから，本来は，時間とともに連続的に推移するような時刻歴ではなく，ある時間差で，とびとびの値をとるような

時刻歴であるべきなのです。この事実については，木村英紀が『動的システムの理論』（参考文献を参照）の中で触れています。

この白色雑音は，システムの制御問題，システムの推定問題において，重要な役割を担います。

ここで白色雑音のサンプル時刻歴の生成について触れておきます。

復習になりますが，Fourier 変換 $X(j\omega)$ の絶対値の積分は，Parceval の関係から次のように表されました。

$$\frac{1}{2\pi}\int_{-\infty}^{\infty}|X(j\omega)|^2 d\omega = \int_{-\infty}^{\infty}|x(t)|^2 dt$$

ここで，以下のような時刻歴 $x_L(t)$，

$$x_L(t) = \begin{cases} x(t) & -L/2 \le t \le L/2 \\ 0 & t > -L/2,\ L/2 < t \end{cases}$$

を考えると Parceval の関係から

$$\lim_{L\to\infty}\frac{1}{L}\int_{-L/2}^{L/2}|x(t)|^2 dt = \int_{-\infty}^{\infty}\lim_{T\to\infty}\frac{|X_L(j\omega)|^2}{2\pi L}d\omega$$

Power Spectral 密度 $S_x(\omega)$ の積分は二乗平均値ですので，

$$S_x(\omega) = \lim_{L\to\infty}\frac{|X_L(j\omega)|^2}{2\pi L}$$

よって十分に大きな L を設定しているときには，ほぼ

$$S_x(\omega) = \frac{|X_L(j\omega)|^2}{2\pi L}$$

となり，

$$|X_L(j\omega)|^2 = 2\pi L S_x(\omega)$$

$$\therefore |X_L(j\omega)| = \sqrt{2\pi L S_x(\omega)}$$

になります。そして，白色雑音であれば次のようになります。

$$|X_L(j\omega)| = \sqrt{2\pi L S_0}$$

これを逆 Fourier 変換の関係に当てはめれば，

$$x_L(t) = \frac{1}{2\pi}\int_{-\infty}^{+\infty}\sqrt{2\pi L S_0}\,e^{j\theta_S(\omega)}\,e^{j\omega t}d\omega \tag{5.6.1}$$

によって $-L/2$ ～ $L/2$ の間の白色雑音を生成できることになります。

$\theta_s(-\omega)=-\theta_s(\omega)$ であれば 式 (5.6.1) は

$$x_L(t)=\frac{2}{2\pi}\int_0^{+\infty}\sqrt{2\pi LS_0}\cos(\omega t+\theta_S(\omega))d\omega \tag{5.6.2}$$

とできます。式（5.6.2）の積分を，$\Delta\omega$ おきに値を求めて総和する形式で近似すると

$$x_L(t)=\frac{1}{\pi}\sum_{m=1}^{\infty}\sqrt{2\pi LS_0}\cos(m\Delta\omega t+\theta_S(m))\Delta\omega \tag{5.6.3}$$

ここで，θs は $\omega = m\Delta\omega$ に対応する位相であり，本来的には $\theta s\,(m\Delta\omega)$と書くべきものですが，表記を簡素化する主旨で $\theta s\,(m)$としました。

$\Delta\omega$ を平方根の後に移動させて，

$$x_L(t)=\sum_{m=1}^{\infty}\sqrt{\frac{2}{\pi}LS_0\,\Delta\omega}\cdot\cos(m\Delta\omega t+\theta_S(m)) \tag{5.6.4}$$

ただし，現実には無限大までの総和を計算することは不可能ですので，$m{=}M$ までで打ち切ることにします。最小の振動数を $\Delta\omega$ とするときの周期は $2\pi/\Delta\omega$（これが最大周期）ですので，$L = 2\pi/\Delta\omega$ となるように設定すれば，

$$x_L(t)=\sum_{m=1}^{M}\sqrt{\frac{2}{\pi}\frac{2\pi}{\Delta\omega}S_0\cdot(\Delta\omega)^2}\cdot\cos(m\Delta\omega t+\theta_S(m)) \tag{5.6.5}$$

$$\therefore\ x_L(t)=\sum_{m=1}^{M}2\sqrt{S_0\Delta\omega}\cdot\cos(m\Delta\omega t+\theta_S(m)) \tag{5.6.6}$$

とすることで，$-M\Delta\omega$ から $M\Delta\omega$ までの間で Power Spectral 密度が一定となる擬似白色雑音のサンプル時刻歴（時間長さ $L{=}2\pi/\Delta\omega$）を生成することができます。

上式において，〔$m{=}1$〜M まで M 個存在する位相角 $\theta_s(m)$〕を，〔0〜2π の間で一様分布する互いに無相関となる確率量〕として扱うと，正規分布する定常ガウス白色雑音（正確には定常ガウス擬似白色雑音）を生成できることが知られています。この生成法は Shinozuka によって示されたもので，これまで多くの研究者によって利用されています。

また，位相角に関して同様な扱いのもとで，$\omega = m\Delta\omega$ における PSD を $S(m\Delta\omega)$ と表して，次の計算：

$$x_L(t)=\sum_{m=1}^{M}2\sqrt{S(m\Delta\omega)\Delta\omega}\cdot\cos(m\Delta\omega t+\theta_S(m)) \tag{5.6.7}$$

を行えば，任意の PSD を有する定常ガウス確率過程のサンプルを生成することもできます。

5-7　白色雑音の印加される 1 質点系の応答

すでに解説済みですが，本節における議論のために以下を確認しておきます。

減衰を有する 1 質点系の運動方程式は

$$\ddot{x}(t) + 2\zeta\omega_0\dot{x}(t) + \omega_0^2\, x(t) = u(t)$$

です。すでに述べていますが，u は単位質量当りの入力を表します。

この運動方程式を Fourier 変換すると

$$-\omega^2 x\,(j\omega) + j2\zeta\omega_0\omega\, x\,(j\omega) + \omega_0^2\, x\,(j\omega) = u\,(j\omega) \tag{5.7.1}$$

これまで Fourier 変換されたものを大文字で表記してきましたが，ここでは応答 x と入力 u の Fourier 変換も小文字のままの表記としています。

式 (5.7.1)より，入力と応答の関係は

$$x(j\omega) = \frac{1}{-\omega^2 + j2\zeta\omega_0\omega\ + \omega_0^2}\, u(j\omega) \tag{5.7.2}$$

となります。すでに 47 ページで述べたように，この式の右辺の $u\,(j\omega)$の前にかかる係数は，周波数応答関数あるいは周波数伝達関数と呼ばれるもので $H\,(j\omega)$と表されます。この表記を用いれば

$$x(j\omega) = H\,(j\omega)u\,(j\omega) \tag{5.7.3}$$

左辺・右辺の絶対値をとれば

$$|x(j\omega)| = |H(j\omega)| \cdot |u(j\omega)| = \left|\frac{1}{-\omega^2 + j2\zeta\omega_0\omega\ + \omega_0^2}\right| \cdot |u(j\omega)| \tag{5.7.4}$$

ここに

$$|H(j\omega)|\ = \frac{1}{\omega_0^2}\cdot\left|\frac{1}{-\left(\dfrac{\omega}{\omega_0}\right)^2 + 1 + j2\zeta\left(\dfrac{\omega}{\omega_0}\right)}\right| = \frac{1}{\omega_0^2}\cdot\frac{1}{\sqrt{\left(-\left[\dfrac{\omega}{\omega_0}\right]^2 + 1\right)^2 + 4\zeta^2\left[\dfrac{\omega}{\omega_0}\right]^2}} \tag{5.7.5}$$

です。よって

$$|x(j\omega)| = \frac{1}{\omega_0^2} \cdot \frac{1}{\sqrt{\left(-\left[\frac{\omega}{\omega_0}\right]^2 + 1\right)^2 + 4\zeta^2\left[\frac{\omega}{\omega_0}\right]^2}} \cdot |u(j\omega)| \tag{5.7.6}$$

また，応答の Power Spectral 密度と入力のそれとの関係は

$$S_x(\omega) = \frac{1}{\omega_0^4} \cdot \frac{1}{\left(-\left[\frac{\omega}{\omega_0}\right]^2 + 1\right)^2 + 4\zeta^2\left[\frac{\omega}{\omega_0}\right]^2} \cdot S_u(\omega) \tag{5.7.7}$$

となります。入力 u が白色雑音であれば Power Spectral 密度は一定値ですので

$$S_x(\omega) = \frac{1}{\omega_0^4} \cdot \frac{1}{\left(-\left[\frac{\omega}{\omega_0}\right]^2 + 1\right)^2 + 4\zeta^2\left[\frac{\omega}{\omega_0}\right]^2} \cdot S_0 \tag{5.7.8}$$

ここで，

$$|H(j\omega)| = \frac{1}{\omega_0^2} \cdot \frac{1}{\sqrt{\left(-\left[\frac{\omega}{\omega_0}\right]^2 + 1\right)^2 + 4\zeta^2\left[\frac{\omega}{\omega_0}\right]^2}}$$

をプロットしてみます。プロットするにあたっては，横軸に ω/ω_0 を，縦軸に

$$\frac{1}{\sqrt{\left(-\left[\frac{\omega}{\omega_0}\right]^2 + 1\right)^2 + 4\zeta^2\left[\frac{\omega}{\omega_0}\right]^2}}$$

の値をとります。ζ=0.02，0.05，0.10 としたときのプロットが**図 5-4** です。

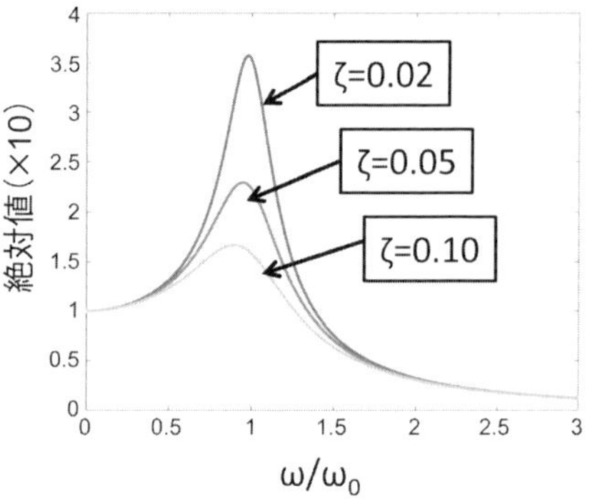

図 5-4

縦軸の値が最大となるのは，ほぼ，$\omega/\omega_0 = 1$ となるときで

$$|H(j\omega)| = \frac{1}{\omega_0^2} \cdot \frac{1}{\sqrt{(-1+1)^2 + 4\zeta^2}} = \frac{1}{2\zeta\omega_0^2}$$

となります。$\zeta = 0.02$，0.05，0.10 に対して，$1/(2\zeta)$はそれぞれ 25，10，5 となります。

$\omega/\omega_0 = 1$ ではζ の違いによって縦軸の値が大きく異なっていますが，$\omega/\omega_0 = 2$ に対しては，

$$|H(j\omega)| = \frac{1}{\omega_0^2} \cdot \frac{1}{\sqrt{(-4+1)^2 + 4\zeta^2 \cdot 4}} = \frac{1}{\omega_0^2} \cdot \frac{1}{\sqrt{3^2 + 16\zeta^2}}$$

となるため，$\zeta = 0.02$，0.05，0.10 の違いにあまり左右されずに，ほぼ

$$|H(j\omega)| \cong \frac{1}{3}\left(\frac{1}{\omega_0^2}\right)$$

と近似できます。

次に，$\omega/\omega_0 = 3$ になると，

$$|H(j\omega)| = \frac{1}{\omega_0^2} \cdot \frac{1}{\sqrt{(-9+1)^2 + 4\zeta^2 \cdot 9}} = \frac{1}{\omega_0^2} \cdot \frac{1}{\sqrt{8^2 + 36\zeta^2}}$$

は，$\zeta = 0.02$，0.05，0.10 の違いにより左右されずに，ほぼ

$$|H(j\omega)| \cong \frac{1}{8}\left(\frac{1}{\omega_0^2}\right)$$

そして，$\omega/\omega_0 = 5$ では，

$$|H(j\omega)| = \frac{1}{\omega_0^2} \cdot \frac{1}{\sqrt{(-25+1)^2 + 4\zeta^2 \cdot 25}} = \frac{1}{\omega_0^2} \cdot \frac{1}{\sqrt{24^2 + 100\zeta^2}}$$

この結果も，$\zeta = 0.02$，0.05，0.10 の違いにほとんど影響を受けずに，ほぼ次のようになります。

$$|H(j\omega)| \cong \frac{1}{24}\left(\frac{1}{\omega_0^2}\right)$$

ここで，白色雑音に対する 1 質点系の応答の二乗平均値を計算してみます。入力の Power Spectral 密度（PSD）を S_0 とすれば

$$S_x(\omega) = \frac{1}{(-\omega^2 + \omega_0^2)^2 + 4\zeta^2\omega_0^2\omega^2} \cdot S_0 \tag{5.7.9}$$

ですので，x の二乗平均値は

$$E[x^2] = \int_{-\infty}^{\infty} S_x d\omega = \int_{-\infty}^{\infty} \frac{1}{(-\omega^2 + \omega_0^2)^2 + 4\zeta^2\omega_0^2\omega^2} d\omega \cdot S_0 \tag{5.7.10}$$

さらに変形して

$$E[x^2] = \int_{-\infty}^{\infty} \frac{1}{([j\omega]^2 + \omega_0^2) + 2\zeta\omega_0[j\omega]} \cdot \frac{1}{([-j\omega]^2 + \omega_0^2) + 2\zeta\omega_0[-j\omega]} d\omega \cdot S_0 \tag{5.7.11}$$

ここで，$z=j\omega$ として積分変数を z に変換すると，

$$E[x^2]=\int_{-j\infty}^{j\infty}\frac{1}{z^2+2\zeta\omega_0 z+\omega_0^2}\cdot\frac{1}{(-z)^2-2\zeta\omega_0 z+\omega_0^2}\frac{dz}{j}\cdot S_0 \tag{5.7.12}$$

となるので，

$$E[x^2]=\frac{1}{j}\int_{-j\infty}^{j\infty}H(z)\cdot H(-z)dz\cdot S_0 \tag{5.7.13}$$

この積分範囲は，複素平面である z-平面上の虚軸を $-j\infty$ から $+j\infty$ までたどるものとなりますが，虚軸の左側（実軸が負の値をとる側）にさらに〔半径 ∞ の半円弧〕を追加して〔一周する半円の積分経路〕を新たに想定します。

半円弧の経路上では z の絶対値は ∞ です。$H(z)H(-z)$ を表す以下の計算

$$\begin{aligned}\frac{1}{z^2+2\zeta\omega_0 z+\omega_0^2}\cdot\frac{1}{(-z)^2-2\zeta\omega_0 z+\omega_0^2}&=\frac{1}{(z^2+\omega_0^2)^2-4\zeta^2\omega_0^2z^2}\\&=\frac{1}{z^4+\omega_0^4+2\omega_0^2z^2-4\zeta^2\omega_0^2z^2}\\&=\frac{1}{z^4+\omega_0^4+2\omega_0^2(1-2\zeta^2)z^2}\end{aligned} \tag{5.7.14}$$

において分母に z の 4 乗があるため，〔半円弧〕の経路上ではこの結果の絶対値は 0 になります。ですから，〔半円弧〕の経路を追加しても積分結果に影響しません。

一周する経路内に特異点が存在すれば，Cauchy の積分公式による計算ができます。

想定している一周する経路の内部にある特異点は，$H(z)$の分母を

$$z^2+2\zeta\omega_0 z+\omega_0^2=0$$

とする

$$z=-\zeta\omega_0\pm j\sqrt{1-\zeta^2}\omega_0$$

です。これらの特異点を，以降の計算の便宜のために

$$z_1=-\zeta\omega_0+j\sqrt{1-\zeta^2}\omega_0;\ \ z_2=-\zeta\omega_0-j\sqrt{1-\zeta^2}\omega_0$$

と区別して表しておきます。この z_1，z_2 を用いれば，

$$H(z)=\frac{1}{z^2+2\zeta\omega_0 z+\omega_0^2}=\frac{1}{(z-z_1)(z-z_2)}$$

したがって，$E[x^2]$ は，Cauchy の積分公式によって次のようになります：

$$E[x^2] = \frac{1}{j}\int_{-j\infty}^{j\infty} H(z)\cdot H(-z)dz\cdot S_0 = \frac{1}{j}\oint H(z)H(-z)dz\cdot S_0 = \frac{2\pi}{2\pi j}\oint H(z)\cdot H(-z)dz\cdot S_0$$

$$= 2\pi\left\{\frac{1}{2\pi j}\oint \frac{H(-z)}{(z-z_1)(z-z_2)}dz\right\}\cdot S_0 = 2\pi S_0\left\{\frac{1}{2\pi j}\oint \frac{1}{z_1-z_2}\left[\frac{H(-z)}{z-z_1}-\frac{H(-z)}{z-z_2}\right]dz\right\}$$

$$= 2\pi S_0\cdot\frac{1}{z_1-z_2}\{H(-z_1)-H(-z_2)\} \tag{5.7.15}$$

ここで

$$H(-z) = \frac{1}{(-z-z_1)(-z-z_2)}$$

となることをふまえれば，式 (5.7.15)の最後の結果の ｛ ｝ 内の第 1 項，第 2 項は以下のようになります。

〈第 1 項〉：

$$H(-z_1) = \frac{1}{(-z_1-z_1)(-z_1-z_2)} = \frac{1}{2z_1(z_1+z_2)}$$

〈第 2 項〉：

$$H(-z_2) = \frac{1}{(-z_2-z_1)(-z_2-z_2)} = \frac{1}{2z_2(z_1+z_2)}$$

以上の〈第 1 項〉〈第 2 項〉の結果を合わせると

$$\frac{1}{z_1-z_2}\{H(-z_1)-H(-z_2)\} = \frac{1}{z_1-z_2}\left\{\frac{1}{2z_1(z_1+z_2)}-\frac{1}{2z_2(z_1+z_2)}\right\}$$

$$= -\frac{1}{2z_1z_2(z_1+z_2)}$$

この結果を式(5.7.15)に反映させますが，

$$z_1z_2 = \omega_0^2;\ z_1+z_2 = -2\zeta\omega_0$$

となるので

$$E[x^2] = 2\pi S_0\cdot\frac{1}{z_1-z_2}\{H(-z_1)-H(-z_2)\} = 2\pi S_0\cdot\frac{1}{2\omega_0^2(2\zeta\omega_0)} = \frac{\pi S_0}{2\zeta\omega_0^3}$$

が得られます。

同様な計算を行うことで，白色雑音が印加されるときの 1 質点系の速度応答の二乗平均値, $E[\dot{x}^2]$, を求めることができます。この場合, 速度の Fourier 変換表示は $j\omega x(j\omega)$

になるので

$$j\omega x(j\omega)=\frac{j\omega}{-\omega^2+j2\zeta\omega_0\omega\ +\omega_0^2}\ u(j\omega)$$

よって，速度応答に対する周波数応答関数は

$$H_v(j\omega)=\frac{j\omega}{-\omega^2+j2\zeta\omega_0\omega\ +\omega_0^2} \tag{5.7.16}$$

$$E[\dot{x}^2]=\int_{-\infty}^{\infty}H_v(j\omega)H_v(-j\omega)S_0d\omega=\int_{-\infty}^{\infty}j\omega H(j\omega)\cdot(-j\omega)H(-j\omega)S_0d\omega$$

$$=\frac{1}{j}\int_{-j\infty}^{j\infty}zH(z)\cdot(-z)H(-z)dz\cdot S_0$$

$$=\frac{1}{j}\int_{-j\infty}^{j\infty}\frac{1}{(z-z_1)(z-z_2)}\cdot[-z^2H(-z)]dz\cdot S_0$$

虚軸の左側に，原点を中心とする半径∞の円弧を加えて，Cauchy の積分公式を適用することにすると，

$$E[\dot{x}^2]=\frac{1}{j}\oint\frac{1}{z_1-z_2}\cdot\left[\frac{-z^2H(-z)}{z-z_1}-\frac{-z^2H(-z)}{z-z_2}\right]dz\cdot S_0$$

$$=\frac{1}{j}2\pi j\cdot\frac{1}{z_1-z_2}\{-z_1^2H(-z_1)-[-z_2^2H(-z_2)]\}\cdot S_0 \tag{5.7.17}$$

よって

$$z_1=-\zeta\omega_0+j\omega_0\sqrt{1-\zeta^2},\ z_2=-\zeta\omega_0-j\omega_0\sqrt{1-\zeta^2}$$

$$E[\dot{x}^2]=2\pi\cdot\frac{1}{z_1-z_2}\left\{\frac{-z_1^2}{2z_1(z_1-z_2)}-\frac{-z_2^2}{2z_2(z_1-z_2)}\right\}\cdot S_0$$

$$=2\pi S_0\cdot\frac{1}{z_1-z_2}\left\{\frac{-z_1^2z_2+z_1z_2^2}{2z_1z_2(z_1+z_2)}\right\}=2\pi S_0\cdot\frac{1}{z_1-z_2}\left\{\frac{-z_1z_2(z_1-z_2)}{2z_1z_2(z_1+z_2)}\right\}$$

$$=2\pi S_0\cdot\frac{-1}{2(z_1+z_2)} \tag{5.7.18}$$

ただし，$z_1+z_2=-2\zeta\omega_0$であるので，

$$E[\dot{x}^2]=2\pi S_0\cdot\frac{-1}{-2\zeta\omega_0}=\frac{\pi S_0}{2\zeta\omega_0}$$

以上の結果から

$$E[x^2] = \frac{\pi S_0}{2\,\zeta\omega_0^3}\;;\;\; E[\dot{x}^2] = \frac{\pi S_0}{2\,\zeta\omega_0}$$

の関係にあることが分かります。同様な計算によって

$$E[\ddot{x}^2] = \frac{\pi S_0 \omega_0}{2\zeta}$$

となりますが，計算過程は省略します。自身で計算してみてください。

第 6 章　動的システム理論の基礎

前章の議論で，参考文献として『動的システムの理論』（木村）を挙げました。用語が先に登場しましたが，本章では，「動的システム」を取り上げます。

6-1　動的システムとは何か

本節では，動的システムとは何か，について述べます。

まず例として，海外への製品輸出を行う企業を考えてみます。この企業の「株価」を「出力」と考えてみます。円安で 1 ドルのレートが高い日本円になるほど，会社の業績は好調で株価は上がるはずです。ここで「入力」を円ドル比と考えてみます。現実には，投資家の思惑や株の売買状況によって株価は影響を受けますので，株価に影響する要因は円ドル比だけではありません。ですから，このような「入出力」の単純な割り切り方は，必ずしも正確ではないかもしれません。が，ここではきわめて単純化した議論を展開します。

輸出企業ですので，円安で 1 ドルに対して日本円が多く換算されるほど儲かる勘定になります。たとえば，昨日まで円高がずっと続いていたのに，本日円安に転じたとすれば，本日あるいは明日の株価は上昇するでしょう。この場合の円高，円安はあくまで相対的なもので，過去の動向との比較に意味があるのであって，本日の円ドル比の絶対値そのものが，必ずしも出力である株価に影響するものではありません。

このように，過去の入力の経緯全体が，現時点の出力に影響してくるような入出力関係にあるときに，出力を y，入力を u と表すと

$$y(t) = \int_{-\infty}^{t} h(t,\eta)\, u(\eta)\, d\eta \quad \text{あるいは} \quad \int_{0}^{t} h(t,\eta)\, u(\eta)\, d\eta$$

のように，過去の入力をすべて包含するような形式で y が表現されることになります。積分中の $h(t, \eta)$は，η 時点の入力 $u\ (\eta)$ の，t における出力 $y\,(t)$ への影響具合を表す「重み係数」となります。

このように，過去の入力の履歴が分からないと，現時点の出力が決定できないようなシステムを「**動的システム**」(Dynamic System あるいは Dynamical System）と呼びます。

ただし，システムの性質が時間とともに変化することのない場合には，この「重み」の係数 h はより簡単になって

$$y(t)=\int_{-\infty}^{t} h(t-\eta)\,u(\eta)\,d\eta \quad \text{あるいは} \quad \int_{0}^{t} h(t-\eta)\,u(\eta)\,d\eta$$

影響具合を表す係数が，2 つの時刻の関数ではなく，時間差の関数となります。

このように，時間の変化や経過によって，性質の変化しないシステムを「**時不変システム**」(Time-invariant System）と言います。さらに，これに線形という性質が加われば「線形時不変システム」(Linear Time-invariant System）となります。

上に挙げた最後の式は，「線形時不変システム」の入出力関係を表す積分ですが，このようなかたちの積分を「重畳積分」あるいは「畳み込み積分」と呼びます。英語では，Convolution と言われます。すでに，この用語には触れています。

畳み込み積分を Fourier 変換すると，$h(t)$ の Fourier 変換 $H(j\omega)$，$u(t)$ の Fourier 変換 $u(j\omega)$ をそれぞれ別々に求めて乗じた結果となります。よって，$y(t)$ の Fourier 変換は，次のようになります（以降，$h(t)$ と $H(j\omega)$ を除き，$x(t)$，$y(t)$，$u(t)$ の Fourier 変換をそれぞれ $x(j\omega)$，$y(j\omega)$，$u(j\omega)$ のように表記します)。

$$y(j\omega)=H(j\omega)\cdot u(j\omega)$$

両辺の絶対値をとれば，

$$|y(j\omega)|=|H(j\omega)|\cdot|u(j\omega)|$$

ちなみに言えば，Fourier 変換の絶対値は，$e^{j\omega t}$ に対応した振幅（複素振幅）にあたる概念となります。

6-2　動的システムの状態空間表現

本節では，**状態ベクトル**と**状態方程式**について述べます。

動的システムの挙動を表現するとき，変位に関する 2 階の微分方程式である運動方程式ではなく，「**状態ベクトル**」に関する 1 階の微分方程式で表される「**状態方程式**」を用いるのが一般的です。

システムの挙動を状態方程式によって表すことを，「状態空間表現」と言います。

変位を x，単位質量あたりの入力を u とすれば，運動方程式は

$$m\ddot{x} + c\dot{x} + kx = mu$$

です。ここに，m：質量，c：減衰係数，k：ばね定数です。

両辺を m で割って，$k/m = \omega_0^2$，$c/m = 2\zeta\ \omega_0$ と表記すれば，すでに示していますが，運動方程式は

$$\ddot{x} + 2\zeta\omega_0\dot{x} + \omega_0^2 x = u$$

ただし，ω_0：固有振動数，ζ　：粘性減衰比　です。

ここで，変位と速度を要素とするベクトルを $\mathbf{x}$ と表して，運動方程式を

$$\dot{\mathbf{x}} = \frac{d}{dt}\begin{bmatrix} x \\ \dot{x} \end{bmatrix} = \begin{bmatrix} 0 & 1 \\ -\omega_0^2 & -2\zeta\omega_0 \end{bmatrix}\begin{bmatrix} x \\ \dot{x} \end{bmatrix} + \begin{bmatrix} 0 \\ 1 \end{bmatrix} u$$

のような 1 階の微分方程式に変換します。これが**状態方程式**です。上記の状態方程式の第 1 行は形式的に $dx/dt = \dot{x}$ を表しているに過ぎません。

以上の状態方程式を次のように表記しておきます。

$$\dot{\mathbf{x}} = \mathbf{A}\mathbf{x} + \mathbf{B}u$$

右辺の $\mathbf{x}$ にかかる係数行列 $\mathbf{A}$ は，システム固有の固有振動数や減衰比のみを含んでいますので，システムの性質を表しています。また，スカラー入力 u にかかる係数ベクトル $\mathbf{B}$ は，入力がシステムにどのように作用するかを規定しています。

上の，行列・ベクトルからなる 1 階の微分方程式の解の「かたち」を理解する意味で，まずすべての係数・変数がスカラーとなるときの，次の 1 階の微分方程式を解いてみます。

$$\dot{x} = ax + bu$$

これを以下のように変形します。

$$\dot{x} - ax = bu$$

このような微分方程式の解は，〈斉次解（右辺の外力項を 0 とする解)〉と，右辺に外力項が存在するときの〈特解〉との和で表されます。これは，微積分における基本です。

まず，〈斉次解〉を求めます。

$$x = e^{at}$$

とおくと，$\dot{x} - ax = 0$ を満たします。ただし，より一般的には，定数 C を乗じた以下のかたちが解となります。

$$x = e^{at}C$$

次に，右辺に外力項があるときの〈特解〉を求めますが，この場合は，上の斉次解の C を定数ではなく，t の関数と考えて $C(t)$ として解きます。よって，

$$x = e^{at}C(t)$$

この式を t に関して微分して，右辺に外力項のあるもとの微分方程式に代入すれば，

$$ae^{at}C(t) + e^{at}\dot{C}(t) - ae^{at}C(t) = bu(t)$$

したがって，

$$e^{at}\dot{C}(t) = bu(t) \quad \therefore\ \dot{C}(t) = e^{-at}bu(t)$$

両辺を積分して $C(t)$ を求めれば

$$C(t) = \int_0^t e^{-a\eta}bu(\eta)\,d\eta$$

ですから，特解は

$$x(t) = e^{at}C(t) = e^{at}\int_0^t e^{-a\eta}bu(\eta)\,d\eta = \int_0^t e^{a(t-\eta)}bu(\eta)\,d\eta$$

と表されます。

この解に斉次解を加えると，

$$x(t) = e^{at}C + \int_0^t e^{a(t-\eta)}bu(\eta)\,d\eta$$

ここで，$t = 0$ とすれば第 2 項の積分は 0 になるので，

$$x(0) = 1 \cdot C \quad \therefore C = x(0)$$

よって，

$$x(t) = e^{at}x(0) + \int_0^t e^{a(t-\eta)}bu(\eta)\,d\eta$$

が微分方程式 $\dot{x} = ax + bu$ の解となります。

以上は，すべての係数・変数がスカラー量であるときの解ですが，x がベクトルとなり，係数が行列等になっても「かたち」の上ではまったく同じです。得られた結果においてスカラーを，対応する行列やベクトルに置き換えると，

$$\mathbf{x}(t) = e^{\mathrm{A}t}\mathbf{x}(0) + \int_0^t e^{\mathrm{A}(t-\eta)}\mathrm{B}u(\eta)\,d\eta$$

となります。

これが，状態方程式で表現された動的システムの挙動（状態ベクトルの挙動）を表現する基本式となります。ここでは，入力をスカラー量としていますが，入力がベクトルとなる場合には，スカラー u をベクトル $\mathbf{u}$ に代えればよいのです（このとき $\mathbf{B}$ は行列となります）。

ただし，システムの性質にバラツキが存在していて，不確定要素が含まれていると，右辺の $\mathbf{A}$ が確率変数となります。また，入力が不確定要素を含むときには，u（スカラー）あるいは $\mathbf{u}$（ベクトル）は確率過程となります。

確率論的な意味での変動が含まれるにせよ，含まれないにせよ，上の解のかたちは動的システムにおいて重要な意味をもち，動的システム論では繰り返し登場します。

指数が行列となるときの指数関数が含まれていますが，この意味等に関しては，次の節で述べます。

6-3　動的システムの推移

前節の最後に登場した式をふたたび挙げます。

$$\mathbf{x}(t) = e^{\mathbf{A}t}\mathbf{x}(0) + \int_0^t e^{\mathbf{A}(t-\eta)}\mathbf{B}u(\eta)\,d\eta$$

指数部分が行列となる指数関数の意味についてはすぐのちに触れますが，右辺の $e^{\mathbf{A}t}$ は，〔初期状態 $\mathbf{x}(0)$ が t の経過とともにどう推移するか〕を表しています。

言い換えれば，右辺第 1 項は，初期状態の影響が時刻 t においてどれだけ残っているかを表しています。$t \to \infty$ において，初期状態の影響が完全に消えるようならば，このシステムは「安定なシステム」となります。安定なシステムであれば，∞ までいかなくても，ある程度の時間が経過した時点で，第 1 項はほぼ 0 と見なせます。

「安定」の反対は「不安定」です。「不安定なシステム」では初期状態の影響が時間とともに増大していき，ついには右辺第 1 項が ∞（あるいは$-\infty$）に発散してしまいます。

安定となるための条件，あるいは不安定となるための条件に関しては，$e^{\mathbf{A}t}$ の意味を解説するところで触れます。

本節冒頭の式において，$t+\Delta t$ のときの $\mathbf{x}(t+\Delta t)$ を考えて式展開を行ってみます。

$$\begin{aligned}
\mathbf{x}(t+\Delta t) &= e^{\mathrm{A}(t+\Delta t)}\mathbf{x}(0) + \int_0^{t+\Delta t} e^{\mathrm{A}(t+\Delta t-\eta)}\mathrm{B}u(\eta)\,d\eta \\
&= e^{\mathrm{A}(\Delta t)}e^{\mathrm{A}t}\mathbf{x}(0) + \int_t^{t+\Delta t} e^{\mathrm{A}(t+\Delta t-\eta)}\mathrm{B}u(\eta)\,d\eta + \int_0^{t} e^{\mathrm{A}(t+\Delta t-\eta)}\mathrm{B}u(\eta)\,d\eta \\
&= e^{\mathrm{A}(\Delta t)}e^{\mathrm{A}t}\mathbf{x}(0) + \int_t^{t+\Delta t} e^{\mathrm{A}(t+\Delta t-\eta)}\mathrm{B}u(\eta)\,d\eta + e^{\mathrm{A}(\Delta t)}\int_0^{t} e^{\mathrm{A}(t-\eta)}\mathrm{B}u(\eta)\,d\eta \\
&= e^{\mathrm{A}(\Delta t)}\left[e^{\mathrm{A}t}\mathbf{x}(0) + \int_0^{t} e^{\mathrm{A}(t-\eta)}\mathrm{B}u(\eta)\,d\eta\right] + \int_t^{t+\Delta t} e^{\mathrm{A}(t+\Delta t-\eta)}\mathrm{B}u(\eta)\,d\eta
\end{aligned}$$

[　] の部分は $\mathbf{x}(t)$を表していますので，上式は結局，

$$\mathbf{x}(t+\Delta t) = e^{\mathrm{A}(\Delta t)}\mathbf{x}(t) + \int_t^{t+\Delta t} e^{\mathrm{A}(t+\Delta t-\eta)}\mathrm{B}u(\eta)\,d\eta$$

と表されました。

この結果は，$\mathbf{x}$ が，t から $t+\Delta t$ への経過にともなって，どのように推移するかを表現しています。t を 0，$t+\Delta t$ を t に置き換えれば，0 から t への経過にともなう「推移」を表現する本節の冒頭で挙げた式と変わりません。

以上のことから，より一般的に t_m から t_n への経過に対応した，$\mathbf{x}$ の推移を表せば，次のようになります。

$$\mathbf{x}(t_n) = e^{\mathrm{A}(t_n-t_m)}\mathbf{x}(t_m) + \int_{t_m}^{t_n} e^{\mathrm{A}(t_n-\eta)}\mathrm{B}u(\eta)\,d\eta$$

式の上では，状態ベクトルの「推移」がこのように表されることは分かりましたが，指数が行列 $\mathbf{A}$ となる exp とは何か，という議論が残っています。$\mathbf{x}$ を n 次のベクトルとすれば，上の関係式において，右辺も n 次のベクトルです。よって，右辺の $\mathbf{x}(t_m)$ にかかる係数，$e^{\mathrm{A}(t_n-t_m)}$ は $n \times n$ の正方行列となる必要があります。さらに，n 次のベクトルである $\mathrm{B}u(\eta)$の係数，$e^{\mathrm{A}(t_n-\eta)}$ も $n \times n$ の正方行列となるはずです。

スカラー a に対する e^{at} は，以下のように定義されます。

$$e^{at} = 1 + \frac{t}{1!}a + \frac{t^2}{2!}a^2 + \frac{t^3}{3!}a^3 + \cdots$$

ここで a を行列 $\mathbf{A}$ に置き換え，1 を単位行列 I に置き換えた

$$e^{\mathrm{A}t} = \mathrm{I} + \frac{t}{1!}\mathrm{A} + \frac{t^2}{2!}\mathrm{A}^2 + \frac{t^3}{3!}\mathrm{A}^3 + \cdots \tag{6.3.1}$$

が，行列の指数関数となります。この計算は，$n \times n$ の正方行列を順次加えたものですから，当然，最終結果も $n \times n$ の正方行列となります。

スカラーのときも同様ですが, この定義式による結果は発散する可能性があります。が，行列 **A** の固有値の実部（実数）がすべて負であれば発散することはありません。

ちなみに言うと，固有値の実部が負（正）となるような行列 **A** に，任意のベクトル **v** を（ただし,「任意」と言っても，ベクトルの次数と正方行列の次数が一致する必要はあります）乗じた量,

$$\mathbf{v}^T \mathbf{A} \mathbf{v}$$

はスカラーとなりますが, 必ず負（正）の値となります。このような **A** を負定（正定）と言います。

ここで,

$$\dot{\mathrm{x}} = \frac{d}{dt}\begin{bmatrix} x \\ \dot{x} \end{bmatrix} = \begin{bmatrix} 0 & 1 \\ -\omega_0^2 & -2\zeta\omega_0 \end{bmatrix}\begin{bmatrix} x \\ \dot{x} \end{bmatrix} + \begin{bmatrix} 0 \\ 1 \end{bmatrix} u$$

において,

$$\mathrm{A} = \begin{bmatrix} 0 & 1 \\ -\omega_0^2 & -2\zeta\omega_0 \end{bmatrix}$$

に対する exp (**A***t*) を求めてみます。

まず行列 **A** の固有値を λ_1, λ_2 とし, 対応する固有ベクトルを $\boldsymbol{\varphi_1} = [\varphi_{11} \quad \varphi_{21}]^T$，$\boldsymbol{\varphi_2} = [\varphi_{12} \quad \varphi_{22}]^T$ として，$\boldsymbol{\Phi} = [\boldsymbol{\varphi_1} \quad \boldsymbol{\varphi_2}]$ と表します。固有値には次の関係があります。

$$\boldsymbol{\Phi^{-1}\mathrm{A}\Phi} = \begin{bmatrix} \lambda_1 & 0 \\ 0 & \lambda_2 \end{bmatrix}$$

ここで,

$$\Lambda = \begin{bmatrix} \lambda_1 & 0 \\ 0 & \lambda_2 \end{bmatrix}$$

と表記しておきます（ちなみに，$\lambda_1, \lambda_2 = -\zeta\omega_0 \pm j\omega_0\sqrt{1-\zeta^2}$ です)。

よって,

$$\boldsymbol{\Phi^{-1}\mathrm{A}\Phi = \Lambda \quad \therefore \ \mathrm{A} = \Phi\Lambda\Phi^{-1}}$$

となります。上の 2 番目の式を式 (6.3.1) に代入します。

$$e^{\mathrm{A}t} = \boldsymbol{\Phi}\boldsymbol{\Phi}^{-1} + \frac{t}{1!}\boldsymbol{\Phi}\Lambda\boldsymbol{\Phi}^{-1} + \frac{t^2}{2!}\boldsymbol{\Phi}\Lambda^2\boldsymbol{\Phi}^{-1} + \frac{t^3}{3!}\boldsymbol{\Phi}\Lambda^3\boldsymbol{\Phi}^{-1} + \cdots$$

$$\therefore e^{\mathrm{A}t} = \boldsymbol{\Phi}\left\{\mathrm{I} + \frac{t}{1!}\Lambda + \frac{t^2}{2!}\Lambda^2 + \frac{t^3}{3!}\Lambda^3 + \cdots\right\}\boldsymbol{\Phi}^{-1}$$

{ } で表記された部分は

$$\begin{bmatrix} 1 + \frac{\lambda_1 t}{1!} + \frac{(\lambda_1 t)^2}{2!} + \frac{(\lambda_1 t)^3}{3!} + \cdots & 0 \\ 0 & 1 + \frac{\lambda_2 t}{1!} + \frac{(\lambda_2 t)^2}{2!} + \frac{(\lambda_2 t)^3}{3!} + \cdots \end{bmatrix} = \begin{bmatrix} e^{\lambda_1 t} & 0 \\ 0 & e^{\lambda_2 t} \end{bmatrix}$$

となるので，結局，

$$e^{\mathrm{A}t} = \boldsymbol{\Phi}\begin{bmatrix} e^{\lambda_1 t} & 0 \\ 0 & e^{\lambda_2 t} \end{bmatrix}\boldsymbol{\Phi}^{-1}$$

と計算できることが分かります。固有ベクトルからなる行列$\boldsymbol{\Phi}$とその逆行列は，

$$\boldsymbol{\Phi} = \begin{bmatrix} 1 & 1 \\ \lambda_1 & \lambda_2 \end{bmatrix};\ \boldsymbol{\Phi}^{-1} = \frac{1}{\lambda_2 - \lambda_1}\begin{bmatrix} \lambda_2 & -1 \\ -\lambda_1 & 1 \end{bmatrix}$$

よって，

$$e^{\mathrm{A}t} = \boldsymbol{\Phi}\begin{bmatrix} e^{\lambda_1 t} & 0 \\ 0 & e^{\lambda_2 t} \end{bmatrix}\boldsymbol{\Phi}^{-1} = \frac{1}{\lambda_2 - \lambda_1}\begin{bmatrix} e^{\lambda_1 t} & e^{\lambda_2 t} \\ \lambda_1 e^{\lambda_1 t} & \lambda_2 e^{\lambda_2 t} \end{bmatrix}\begin{bmatrix} \lambda_2 & -1 \\ -\lambda_1 & 1 \end{bmatrix}$$

$$e^{\mathrm{A}t} = \frac{1}{\lambda_2 - \lambda_1}\begin{bmatrix} \lambda_2 e^{\lambda_1 t} - \lambda_1 e^{\lambda_2 t} & -e^{\lambda_1 t} + e^{\lambda_2 t} \\ \lambda_1\lambda_2(e^{\lambda_1 t} - e^{\lambda_2 t}) & \lambda_2 e^{\lambda_2 t} - \lambda_1 e^{\lambda_1 t} \end{bmatrix}$$

したがって，初速 v_0 のみをもつ自由振動であれば，

$$\mathbf{x}(t) = e^{\mathrm{A}t}\begin{bmatrix} 0 \\ v_0 \end{bmatrix} = \frac{1}{\lambda_2 - \lambda_1}\begin{bmatrix} \lambda_2 e^{\lambda_1 t} - \lambda_1 e^{\lambda_2 t} & -e^{\lambda_1 t} + e^{\lambda_2 t} \\ \lambda_1\lambda_2(e^{\lambda_1 t} - e^{\lambda_2 t}) & \lambda_2 e^{\lambda_2 t} - \lambda_1 e^{\lambda_1 t} \end{bmatrix}\begin{bmatrix} 0 \\ v_0 \end{bmatrix}$$

$$= \frac{1}{\lambda_2 - \lambda_1}\begin{bmatrix} -e^{\lambda_1 t} + e^{\lambda_2 t} \\ \lambda_2 e^{\lambda_2 t} - \lambda_1 e^{\lambda_1 t} \end{bmatrix} v_0 = \begin{bmatrix} \dfrac{-e^{\lambda_1 t} + e^{\lambda_2 t}}{\lambda_2 - \lambda_1} \\ \dfrac{\lambda_2 e^{\lambda_2 t} - \lambda_1 e^{\lambda_1 t}}{\lambda_2 - \lambda_1} \end{bmatrix} v_0 \qquad (6.3.2)$$

ここで，

$$\lambda_2 - \lambda_1 = -2j\omega_0\sqrt{1 - \zeta^2}$$

$$-e^{\lambda_1 t} + e^{\lambda_2 t} = -2je^{-\zeta\omega_0 t}\sin\left(\omega_0\sqrt{1 - \zeta^2}\right)t$$

$$\lambda_2 e^{\lambda_2 t} - \lambda_1 e^{\lambda_1 t} = -2j \cdot e^{-\zeta\omega_0 t}\left\{\omega_0\sqrt{1-\zeta^2}\cos\left(\omega_0\sqrt{1-\zeta^2}\right)t - \zeta\omega_0 \sin\left(\omega_0\sqrt{1-\zeta^2}\right)t\right\}$$

であることを反映させれば，式 (6.3.2) の [　] 内の各要素は

$$\frac{-e^{\lambda_1 t} + e^{\lambda_1 t}}{\lambda_2 - \lambda_1} = \frac{1}{\omega_0\sqrt{1-\zeta^2}} e^{-\zeta\omega_0 t}\sin\omega_0\sqrt{1-\zeta^2}t$$

$$\frac{\lambda_2 e^{\lambda_2 t} - \lambda_1 e^{\lambda_1 t}}{\lambda_2 - \lambda_1} = e^{-\zeta\omega_0 t}\left\{\cos\omega_0\sqrt{1-\zeta^2}t - \frac{\zeta}{\sqrt{1-\zeta^2}}\sin\omega_0\sqrt{1-\zeta^2}t\right\}$$

となり，式 (6.3.2) は次のようになります：

$$\mathbf{x}(t) = \begin{bmatrix} x(t) \\ \dot{x}(t) \end{bmatrix} = e^{\mathrm{A}t}\begin{bmatrix} 0 \\ v_0 \end{bmatrix} = \begin{bmatrix} \dfrac{1}{\omega_0\sqrt{1-\zeta^2}} e^{-\zeta\omega_0 t}\sin\omega_0\sqrt{1-\zeta^2}t \\ e^{-\zeta\omega_0 t}\left\{\cos\omega_0\sqrt{1-\zeta^2}t - \dfrac{\zeta}{\sqrt{1-\zeta^2}}\sin\omega_0\sqrt{1-\zeta^2}t\right\} \end{bmatrix} v_0$$

この結果は，第4章の Laplace 変換から求めた初速 v_0 をもつ自由振動の結果と一致しています。

6-4　システムの構成―状態方程式と出力方程式

状態ベクトルは，システムの内部状態を表しています。システム工学的な意味では，「出力」は状態ベクトルそのものではありません。

現実に計測された量を「観測量」とも言いますが，これが「出力」となります。先に挙げた1質点系の振動問題では，質点の変位と速度が要素となって状態ベクトルを構成していましたが，「出力」は変位のみかもしれませんし，速度のみかもしれないのです。

ですから，「出力」は，「計測出力」あるいは「観測出力」を意味します。状態も出力もベクトルですが，多質点系を扱うのであればなおさらですが，一般に出力ベクトルの次数の方が状態ベクトルのそれよりも小さくなります。多質点系において，全状態を計測するのは現実的ではないからです。

出力は $\mathbf{y}$ と表されるのが一般的で，もっとも簡単な場合

$$\mathbf{y} = \mathbf{C}\mathbf{x}$$

のように表現されます。これを**出力方程式**あるいは**観測方程式**と呼びます。1質点系で速度のみを計測するのであれば，$\mathbf{C} = [0\ 1]$ とすることで，出力方程式は構成されます。

状態方程式と出力方程式をならべると

$$\dot{\mathbf{x}} = \mathbf{A}\mathbf{x} + \mathbf{B}u$$

$$\mathbf{y} = \mathbf{C}\mathbf{x}$$

この 2 式を合わせて，「システム方程式」と呼んだりもします。

出力が変位あるいは速度のときの出力方程式は，$\mathbf{y} = \mathbf{Cx}$ のように簡単に表現されますが，計測出力が加速度になると，$\mathbf{y} = \mathbf{Cx} + \mathbf{D}u$ が出力方程式となります。この理由は次の通りです。

運動方程式 $\ddot{x} + 2\zeta\omega_0\dot{x} + \omega_0^2 x = u$ を次のように書き換えます。

$$\ddot{x} = -\omega_0^2 x - 2\zeta\omega_0\dot{x} + u$$

さらに

$$\ddot{x} = [-\omega_0^2 \quad -2\zeta\omega_0]\begin{bmatrix} x \\ \dot{x} \end{bmatrix} + 1 \cdot u$$

となるので，$\mathbf{y} = \ddot{x}$ であれば $\mathbf{y} = [-\omega_0^2 \quad -2\zeta\omega_0]\mathbf{x} + 1 \cdot u$ のように u まで含んだかたちで出力方程式が表現されます。よって，一般的な出力方程式のかたちは

$$\mathbf{y} = \mathbf{C}\mathbf{x} + \mathbf{D}u$$

となります。さらにより一般的には u もベクトルですので，システム方程式は

$$\dot{\mathbf{x}} = \mathbf{A}\mathbf{x} + \mathbf{B}\mathbf{u}$$

$$\mathbf{y} = \mathbf{C}\mathbf{x} + \mathbf{D}\mathbf{u}$$

となります。

6-5　システム制御：最適制御

システム論において，状態ベクトルの制御と推定は，2 つの大きな研究課題となります。

制御・状態推定における重要な概念が最適制御です。最適制御の重要な概念が LQG 制御と LQ 制御であり，最適推定において重要なツールとなるのが Kalman Filter（カルマンフィルター，英語では the を付けて表記されることも多いのですが，本書ではこのように表記します）です。LQG 制御・LQ 制御と Kalman Filter には密接な関係があります。

LQG 制御は確率システムの制御を扱う枠組みですが，「最適制御」という考え方を導入してシステム制御の世界に飛躍的な発展をもたらしました。一方の Kalman Filter

は，限られた計測出力情報からシステムの内部の状態を推定するための枠組みです。実は，どちらもRudolf Emil Kalman（ルドルフ・カルマン）によって確立されたもので，一見，異なるもののように見えますが，実は「兄弟」のような，もっと言えば「双子」のような関係にあります。

本節では，LQG制御，LQ制御，Kalman Filterの基本的な考え方の提示を目的としています。細かな式の導出は省いていますので，やや四捨五入的な記述になっている面もありますが，細部にこだわらず，それぞれの「哲学」を理解してください。最適制御だけを，あるいはKalman Filterだけを論じて一冊の本となっているような著作も内外に複数あります。関心をもった読者は巻末の参考文献にあたってみてください。

（1）LQG制御

LQG制御の，Lはlinear（線形）を，Qはquadratic（2次形式）を，GはGaussian（正規分布）を意味しています。

線形システム（Linear System）が，正規分布（Gauss分布）する確率過程である定常白色雑音によって乱されるとき（これがLとGのゆえんです），1階の微分方程式である「状態方程式」において，システム内部の「反応」「挙動」を表す「状態量」は定常確率過程となります。

状態ベクトルを $\mathbf{x}$，計測出力を $\mathbf{y}$ として，状態方程式・出力方程式を次のように表します。

$$\dot{\mathrm{x}} = \mathrm{Ax} + \mathrm{Bu}$$

$$\mathrm{y} = \mathrm{Cx}$$

ここで，$\boldsymbol{u}$ はシステムの内部状態（状態ベクトル）を目標値に戻そうとする制御入力です。制御入力を単に「制御」とも言います。

システムを乱す白色雑音（スカラー量）は，既に触れたように，あらゆる振動数成分に対して均等なパワーをもち，二乗平均値が ∞ になるという性質を持ちます。また任意の時間差 τ だけ離れた値の間には，τ の値がどんなに小さくても何の相関もありません。相関がないということは，現時点での値から，少しでも先の値を予測できない，つまりこれから先の推移が予測できないことを意味しています。この事実も既に述べました。

このような白色雑音に乱された線形システムの挙動を（具体的には「状態ベクトルの挙動」を）できるだけ小さく抑えたい，という観点から，最適な「制御入力」を決定します。言い換えると，最適制御となる **u** を決定します。

ここで言う「最適性」とは，以下の評価関数

$$J=\int_0^{t_f}(\mathbf{y}^T(t)\mathbf{Q}\mathbf{y}(t)+\mathbf{u}^T(t)\mathbf{R}\mathbf{u}(t))dt$$

を最小にするという意味となります。積分の中の第 1 項は〔出力の 2 次量〕を表し，第 2 項は〔制御の 2 次量〕を表しています。これが，quadratic（2 次形式）のゆえんです。

たとえば，$\mathbf{y}^T\mathbf{Q}\mathbf{y}$ は，スカラー量であれば Qy^2 に相当します。スカラー量を対象とするのであれば，Q (quadratic) は二乗値のことです。正確さを犠牲にして簡単に言ってしまえば，LQG の Q は二乗値を指すと思えばよいのです。制御しようとする対象である「状態」の二乗値と，制御入力の二乗値に，それぞれ重みをかけて合計した値を最小とするように制御入力を決めるのが，最適制御なのです。

小さな $\mathbf{u}^T\mathbf{u}$ で，できるだけ小さな $\mathbf{y}^T\mathbf{y}$ を実現することが望ましいわけですが，$\mathbf{u}^T\mathbf{u}$ が小さければ $\mathbf{y}^T\mathbf{y}$ はあまり小さくなりそうになく，$\mathbf{y}^T\mathbf{y}$ を小さくするには大きな $\mathbf{u}^T\mathbf{u}$ が必要そうなことは，直感的に理解できると思います。このバランスをとるための係数行列が，**Q** と **R** なのです。**Q** と **R** は行列ですので，スカラー量のように，「係数が大きい」というような表現が適切ではありませんが，$\mathbf{y}^T\mathbf{Q}\mathbf{y}$の 2 次量が大きくなるように **Q** を設定しておけば，$\mathbf{y}^T\mathbf{y}$ が小さくないと J は最小になりにくいことになります。反対に，$\mathbf{u}^T\mathbf{R}\mathbf{u}$の 2 次量が大きくなるように **R** を設定しておくと，小さな $\mathbf{u}^T\mathbf{u}$でないと J は最小になりにくいことになります。ですから，制御システムの設計者は，バランスを考えて **Q** と **R** を設定します。

いま，考えている出力が定常な確率過程であれば，確率的には個々の時間自体には意味がなくなりますので，

$$J=E[\mathbf{y}^T(t)\mathbf{Q}\mathbf{y}(t)+\mathbf{u}^T(t)\mathbf{R}\mathbf{u}(t)]$$

が評価関数となります。

なぜ，期待値であるか？　ここでは，システムを乱す白色雑音の，1 つの標本（たまたま出現したサンプル）に対するシステムの挙動を最適に抑制しようとしているのではないのです。全標本に対する出力の二乗平均を最適に抑制しようとしているからです。

さらに出力方程式，$\mathbf{y}=\mathbf{C}\mathbf{x}$，を上の評価関数 J に代入すれば，

$$J=E[\mathbf{x}^T(t)\mathbf{C}^T\mathbf{Q}\,\mathbf{C}\,\mathbf{x}(t)+\mathbf{u}^T(t)\mathbf{R}\mathbf{u}(t)]$$

となります。

ここで，$\mathbf{C}^T\mathbf{Q}\,\mathbf{C}$ をあらためて $\mathbf{Q}$ と表せば，

$$J = E[\mathbf{x}^T(t)\mathrm{Q}\,\mathbf{x}(t) + \mathbf{u}^T(t)\mathrm{R}\mathbf{u}(t)]$$

となります。

このように $\mathbf{x}$ に関する2次形式を評価関数に採用して，その係数行列を $\mathbf{Q}$ とする上式をLQG制御における評価関数とするのが一般的です。

ここで，制御入力 $\mathbf{u}$ が，状態ベクトル $\mathbf{x}$ を定数（定数行列）倍して，

$$\mathrm{u} = -\mathrm{G}\,\mathrm{x}$$

で与えられるものとします。この $\mathbf{G}$ を「状態フィードバックゲイン」と呼びます。上の2次形式の期待値を最小にするような $\mathbf{u}$ を与えるための $\mathbf{G}$ の決定法が，LQG制御の問題の本質となります。この $\mathbf{G}$ は以下に示す非線形方程式

$$\mathrm{PA} + \mathrm{A}^T\mathrm{P} - \mathrm{PBR}^{-1}\mathrm{B}^T\mathrm{P} + \mathrm{Q} = \mathbf{0} \tag{6.5.1}$$

の解（行列）$\mathbf{P}$ によって

$$\mathrm{G} = \mathrm{R}^{-1}\mathrm{B}^T\mathrm{P} \tag{6.5.2}$$

と表されることが分かっています。

$\mathbf{P}$ に関するこの非線形方程式 (6.5.1) を「**代数リカッチ方程式**」（Algebraic Riccati Equation）と呼びます。

（2）LQ制御

LQ制御はLQG制御としばしば混同されますので，その違いについて説明していきます。

上述のLQG制御の枠組みでは，$\mathbf{Q}$ と $\mathbf{R}$ を指定することで，式 (6.5.1) (6.5.2) によって，最適なフィードバックゲイン $\mathbf{G}$ が決まりました。このように決定された $\mathbf{G}$ は，本来定常ガウス白色雑音によって乱されたシステムに対する「最適制御」であって，外乱が他のもの（構造物で言えば，特定の地震動など）であれば，この $\mathbf{G}$ を用いた制御は「最適制御」とは関係がなくなります。

しかしながら，地震応答の制御を行おうとするとき，あらかじめ地震動を予想することは不可能ですから，地震のさいにも，LQG制御理論によってあらかじめ決めておいた $\mathbf{G}$ を用いて状態フィードバック制御を行ったときには，「LQG制御理論を適用した」ことになります。ただし，「LQG制御理論を適用した」と言っても，外乱が定常ガウス白色雑音でありませんから，厳密に言えば「LQG制御を行った」「最適制御を

行った」と表現するのは適切ではないかもしれません。

一方，ここの（2）で扱う「LQ 制御」には，Gaussian の G がありません。このときの状態方程式は (6.5.3)

$$\dot{\mathrm{x}} = \mathrm{Ax} + \mathrm{Bu} + \mathrm{Ew}$$

となります。外乱 **w** は白色雑音ではなく特定の外乱となりますから，システムを乱す原因として「定常ガウス白色雑音」という条件はなくなります。このとき

$$J = \int_0^{t_f} (\mathbf{x}^T(t)\mathrm{Q}\mathbf{x}(t) + \mathbf{u}^T(t)\mathrm{R}\mathbf{u}(t))dt$$

と設定した〔0 から t_f までの積分〕を最小にする制御を実施しようとすることが，LQ 制御となります。ただし，外乱がなくなってもすぐに状態量 **x** が 0 になるわけではありませんから，**x** が充分に 0 になる時間を t_f として設定します。

LQG 制御と同様に，制御入力 **u** は，

$$\mathrm{u} = -\mathrm{Gx}$$

で与えられます。LQ 制御における状態フィードバックゲイン **G** の決定にはやはりリカッチ方程式が使われます。どの時間においてもその統計的な性質に変化のないことが「定常」の意味ですから，定常確率過程を外乱として想定する LQG 制御では最適制御を実現するフィードバックゲイン **G** は時間によって変化しません。つまり，**G** を決定するための **P** も時間に無関係な定常値となります。しかし，LQ 制御のリカッチ方程式は，結果だけを示しますが

$$\dot{\mathrm{P}} = \mathrm{PA} + \mathrm{A}^T\mathrm{P} - \mathrm{PBR}^{-1}\mathrm{B}^T\mathrm{P} + \mathrm{Q} \tag{6.5.4}$$

となります。つまり，**P** が時間によってその値を変化させるため，**P** の時間微分の項が含まれてきます。ちなみに言えば，式 (6.5.4) のような非線形微分方程式が，リカッチ方程式の本来のかたちです。**P** が時間の関数とならない LQG 制御におけるリカッチ方程式はむしろ例外的なものになります。

外乱が消えて応答がおさまった終端点から，終端における **P** を 0 行列として，時間を遡るように式 (6.5.4) を解いて **P** を決めれば，**G** が求まります。**G** から **u** を決め，**u** と **w** をもとに式 (6.5.3) を解いて **x** を求めます。外乱がなくなる時点から時刻 0 に向かって **x** を決め，**u** も決めるという作業をするわけですから，現実にはこの計算を行うことはできません。

（3）Kalman Filter

状態ベクトルを構成する全要素を計測することは稀で，実際にセンサーで計測されるデータは限られます。状態ベクトルのうちの特定の要素だけを計測する，あるいは状態ベクトルの要素そのものは直接的には計測しないことさえあります。ですから，システム工学においては，限られた計測データからの状態ベクトル全体，**x,** の推定は，重要な課題のひとつとなります。これを「状態推定」と呼びます。

言葉使いに触れておくと，どのような情報からどの時点の状態を推定するかによって，「推定」の呼称が異なり，厳密には区別されています。

実際に計測される情報を，「計測出力」「観測出力」あるいは単に「出力」と呼ぶことは既に述べました。現時点までの「出力」から〈過去の状態〉を推定することを「平滑（Smoothing）」，現時点までの「出力」から〈現時点の状態〉を推定することを「濾波（Filtering）」，現時点までの「出力」から〈将来の状態〉を推定することを「予測（Prediction）」と呼びます。

Kalman Filterは，その名称から明らかなように，Filteringを行うための枠組み，つまり，〔現時点までの出力情報〕から〔現時点の状態〕を推定するための「システム」となります。

結論に先に触れてしまいますが，Kalman Filterにおいても，「（1）　LQG制御」「（2）LQ制御」のときの「**リカッチ方程式**」がその基礎となります。

繰り返し述べているように，システム内部の反応・挙動を表す状態ベクトルが，すべてデータとして計測されることは稀です。たとえば，質点系で表すことのできる振動問題であれば，全質点の変位と速度が分かれば，システムの挙動を一律に決めることが可能です。しかし，実際に計測する対象は，変位のみ，あるいは速度のみかもしれないし，また加速度かもしれないのです。また，変位・速度ともに計測するとしても，すべての質点の状態を計測するとは限りません。

さらに，センサーによって計測される「出力」は，計測ノイズ（観測雑音）によって乱されますので，たとえば速度を「出力」として計測するとしても，それが内部状態量（状態ベクトルを「状態量」とも言います）の中の「真の速度」（これには計測ノイズは含まれない）と完全に一致するものではありません。

Kalman Filterの基本の考え方を論じるにあたって，ここでは状態方程式，出力方程式が，それぞれ

$$\dot{\mathbf{x}} = \mathbf{A}^T\mathbf{x} + \mathbf{C}^T\mathbf{u} + \mathbf{w}$$

$$\mathbf{y} = \mathrm{B}^T\mathbf{x} + \mathbf{v}$$

のように表される場合を扱います。方程式を構成する係数をわざわざ「転置」としているのには理由があるのですが，のちに明らかとなります。ここで，**w** はシステムを乱すノイズで〔平均 0 の白色雑音ベクトル〕とします。また，**v** は出力を乱す〈計測ノイズ〉で，やはり〔平均 0 の白色雑音ベクトル〕とします。ただし，システムを乱す **w** と計測ノイズ **v** は，互いに無相関とします。

付け加えれば，上式の係数 $\mathbf{A}^T$・$\mathbf{C}^T$・$\mathbf{B}^T$ が時間によって変化するものとした扱い（つまり，時変システムとしての扱い）も可能ですが，ここでは時間によって変化しない「時不変システム」としておきます。

w と **v** の自己相関関数，そして相互相関関数は，白色雑音の仮定から次のように設定されるものとします。

$$E[\mathbf{w}^T(t)\mathbf{w}(t+\tau)] = \mathrm{Q}\delta(\tau)$$

$$E[\mathbf{v}^T(t)\mathbf{v}(t+\tau)] = \mathrm{R}\delta(\tau)$$

$$E[\mathbf{w}^T(t)\mathbf{v}(t+\tau)] = 0$$

ここで，δ は Dirac の Delta 関数を表し，$\delta(\tau)$ は $\tau = 0$ 以外では 0 ですから，上の二式は，任意の時刻 τ 離れてしまえば，いっさい相関がないことを表現しています。また，**v** と **w** は〈平均 0〉としたので，**Q** は **w** の「分散行列」，**R** は **v** の「分散行列」を意味しています。さらに，**w** と **v** は無相関の仮定から，相互相関関数は $\tau = 0$ でも 0 となります。

前置きが長くなりましたが，Kalman Filter は，ノイズを含む計測出力 **y** と **u** を「入力」として扱って，「状態推定値」を出力するシステムになります。状態推定値は，真の状態ベクトルと 100%一致するわけではないので，状態推定値を **x** ではなく，$\hat{\mathbf{x}}$ と表しておきます。このとき，状態推定システムを，次のように表します。

$$\dot{\hat{\mathbf{x}}} = \mathrm{A}^T\hat{\mathbf{x}} + \mathrm{C}^T\mathbf{u} + \mathrm{K}(\mathbf{y} - \mathrm{B}^T\hat{\mathbf{x}}) \tag{6.5.5}$$

当然，**K** を「上手に」選んでおかないと上の状態推定システムは機能しません。推定のための状態方程式を

$$\dot{\hat{\mathbf{x}}} = \mathrm{F}\hat{\mathbf{x}} + \mathrm{G}\mathbf{u} + \mathrm{K}\mathbf{y}$$

と設定しておくと，偏りのない推定を行うには

$$\mathrm{F} = \mathrm{A}^T - \mathrm{K}\mathrm{B}^T;\ \mathrm{G} = \mathrm{C}^T$$

とすべきであるという事実が知られていて，結局式 (6.5.5) のように設定したことに

なります。

式 (6.5.5) における $\mathbf{K}$ を「カルマンゲイン」と呼びます。真値と推定値の差, $\mathbf{x}-\hat{\mathbf{x}}$, の共分散を最小にするような，最適推定を実現する $\mathbf{K}$ を探します。

ここで $\mathbf{e_x}=\mathbf{x}-\hat{\mathbf{x}}$ と表記すれば,

$$\begin{aligned}\dot{\mathrm{e}}_\mathrm{x}&=\dot{\mathrm{x}}-\dot{\hat{\mathrm{x}}}=\mathrm{A}^T\mathrm{x}+\mathrm{C}^T\mathrm{u}+\mathrm{w}-\mathrm{A}^T\tilde{\mathrm{x}}-\mathrm{C}^T\mathrm{u}-\mathrm{K}(\mathrm{B}^T\mathrm{x}+\mathrm{v}-\mathrm{B}^T\hat{\mathrm{x}})\\&=(\mathrm{A}^T-\mathrm{KB}^T)x-(\mathrm{A}^T-\mathrm{KB}^T)\hat{\mathrm{x}}-\mathrm{Kv}+\mathrm{w}=(\mathrm{A}^T-\mathrm{KB}^T)\mathrm{e_x}-\mathrm{Kv}+\mathrm{w}\end{aligned}$$

となりますが，$E[\mathbf{v}]=E[\mathbf{w}]=\mathbf{0}$ ですので，$\mathbf{e_x}$ の平均が 0 であれば $\dot{\mathbf{e}}_\mathbf{x}$ の平均値も 0 となります。この条件下で，$\mathbf{e_x}$ の共分散行列を次のように

$$\mathrm{P}=E[\mathrm{e_x}(t)\cdot\mathrm{e_x}(t)^T]$$

表しておきます（上添字 T は共役転置を意味するので，$\mathbf{P}$ は実数となります)。

このとき，カルマンゲイン $\mathbf{K}$ は $\mathbf{P}$ によって

$$\mathrm{K}=\mathrm{PBR}^{-1}$$

と表され，この $\mathbf{P}$ は，次のリカッチ方程式,

$$\dot{\mathrm{P}}=\mathrm{PA}+\mathrm{A}^T\mathrm{P}-\mathrm{PBR}^{-1}\mathrm{B}^T\mathrm{P}+\mathrm{Q} \tag{6.5.6}$$

の解となることが知られています。

この式 (6.5.6) は,「(2) LQ 制御」のリカッチ方程式 (6.5.4) と一致しています。また, 最適制御におけるフィードバックゲインが $\mathbf{G}=\mathbf{R}^{-1}\mathbf{B}^T\mathbf{P}$ で表されていたのに対して，最適推定におけるカルマンゲインは $\mathbf{K}=\mathbf{PBR}^{-1}$ です。$\mathbf{R}$ と $\mathbf{P}$ は同時刻の共分散行列ですので，対称行列ですから,

$$\mathrm{K}^T=\mathrm{R}^{-1}\mathrm{B}^T\mathrm{P}=\mathrm{G}$$

の関係にあることも分かります。

つまり, 制御のときの状態方程式において, 係数 $\mathbf{A}\cdot\mathbf{B}\cdot\mathbf{C}$ を表す記号を, それぞれ, $\mathbf{A}^T\cdot\mathbf{C}^T\cdot\mathbf{B}^T$ と表すことにして推定問題を設定しておけば，同一のリカッチ方程式を解くことで,〔最適制御のためのフィードバックゲイン行列〕$\mathbf{G}$ と〔最適推定のためのカルマンゲイン〕$\mathbf{K}$ は互いに「転置」の関係にある，ということになるのです。これが，本章の冒頭で述べた〔制御と推定が兄弟のような，双子のようなもの〕という記述につながります。制御と推定のこのような関係を「双対性」と呼びます。

詳細については，多くの Kalman Filter に関する文献があります。一部を参考文献にあげていますので，それらを参照してください。

第 7 章　離散時間系とは何か

現代は「デジタルの時代」と言えます。

デジタルに対する概念はアナログです。たとえば，秒針が連続的に動く時計はアナログで，時分秒が 1 秒ごとに表示される時計はデジタルである，と言えます。

ちなみに言えば，複数のセンサーでデータ計測を行うときの「同期」も，デジタル時計的な仕組みで行われています。

コンピュータも，ずっと以前はアナログ計算機という，電流を利用して微分方程式を電気回路として表現する機構が使われていた時代もありましたが，いまはデジタル計算機です。現代の自動制御は，デジタル計算機によるデジタル制御のことになります。

これまでの議論はすべて連続時間系でしたが，本章では「離散時間系」を考えます。

7-1　離散時間系の基本

先に述べてきたような 1 階の微分方程式で表される状態方程式に基づくモデルは，連続時間系でした。微分という概念自体が，連続時間系のものです。

現代では，ある時間間隔のもとでデータを計測・記録します。この計測する時間間隔を「**サンプリング周期**」（Sampling Period）と呼びます。離散時間系では，ある時刻でデータを計測すると，次の計測時刻まではデータ計測が行われません。ですから，データとデータの間がどのようになっているかの情報はありません。したがって，微分は成立しません。

たとえば，「サンプリング周期が 1/100 秒」とすれば，いったん計測を行うと，次に計測するまでの時間間隔 1/100 秒の間のデータ情報はいっさいありません。

このような離散時間刻みのデータの使用を前提として構築される「世界」が「**離散時間系**」（Discrete Time System）となります。

離散時間系では上述したサンプリング周期の存在が，ときに不都合を引き起こします。この「不都合」から触れていきます。

Aliasing（エイリアシング）

Alias（**エイリアス**）という名詞があります。「仮名」というような意味です。文字通り，実の名前ではなく，仮の名前ですが，米国のドラマで潜入捜査官が犯罪組織に潜入するとき名乗る名前を，英語ではこう呼びます。ですから，仮面をかぶった名前，本名を隠した名前，というようなニュアンスになります。

離散時間系における Aliasing（発音をカタカナ表記すれば，エイリアシング［エイのところにストレスがきます］）とは，ある周波数（あるいは周期）の波を，正しい周波数ではなく，別の周波数の波と見なしてしまうことを言います。以下，具体的に示します。

離散時間系の議論において，本書では，サンプリング周期を T と表すことにします。

まず，時刻 $t = 0, T, 2T, 3T, 4T$（時間長さにすると $4T$）における 5 時点で計測されるデータを取り扱うものとします（図 7-1）。ただし，$t = 4T$ では $t = 0$ の値に戻るものとします。ですから，実際には 4 つのデータを扱うことになります。

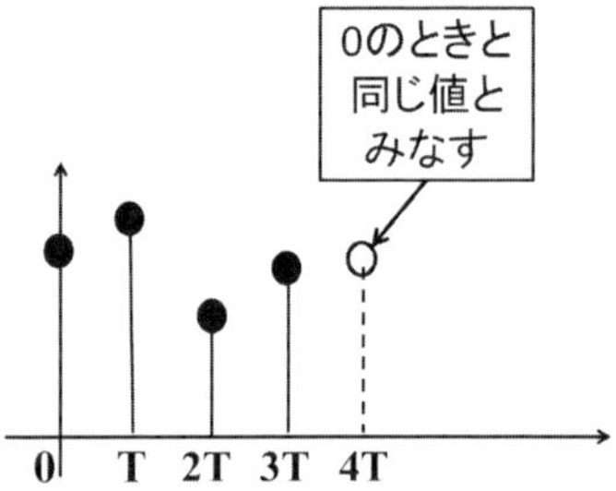

図 7-1

この 4 つのデータから検出可能な，もっとも長い周期は $4T$ です。この周期に対応する周波数は $1/[4T]$，振動数で表示すれば $2\pi/[4T]$ です。

0 と $4T$ で必ず同じ値をとるとして，時間長さ $4T$ の間にちょうど整数個の周期が入る波を対象に，このときの最小の振動数，$2\pi/[4T]$，の 0，1，2，3，4 倍の振動数の波を考えてみます。

まず cos 波から考えます。$\cos(2\pi\cdot\{m\cdot t/[4T]\})$となります（$m$=0, 1, 2, 3, 4）。

$m = 0$ のときの cos 波は，

$$\cos(2\pi\cdot\{0\cdot t/[4T]\}) = \cos(0)$$

ですから，いつも 1 です。

$m = 1$ のときの cos 波（ちょうど $4T$ で 1 周期分となる cos 波）は，

$$\cos(2\pi t/[4T])$$

この cos 波の $t = 0$，T，$2T$，$3T$ における値は，

$$\cos(2\pi\cdot 0/[4T]) = 1$$

$$\cos(2\pi/4) = \cos(0.5\pi) = 0$$

$$\cos(4\pi/4) = \cos(\pi) = -1$$

$$\cos(6\pi/4) = \cos(1.5\pi) = 0$$

となります（図 7-2(a)）。

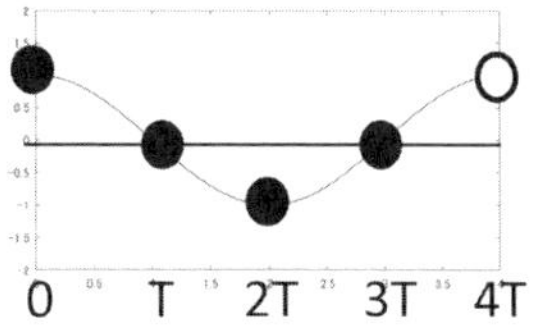

図 7-2(a)

次に，$m = 2$ の，$4T$ に 2 周期分入るときの cos 波は

$$\cos(2\pi t/[2T]) = \cos(\pi t/T)$$

です。ここに $t = 0$，T，$2T$，$3T$ を代入すると，

$$\cos(0) = 1$$

$$\cos(\pi) = -1$$

$$\cos(2\pi) = 1$$

$$\cos(3\pi) = -1$$

となります（図 7-2(b)）。

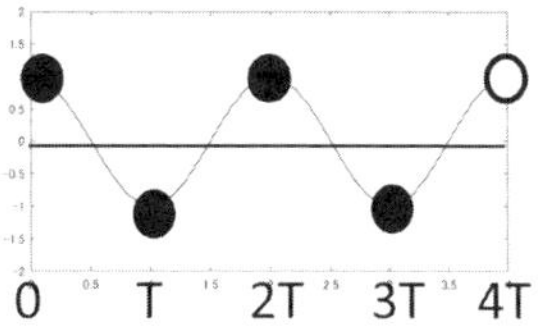

図 7-2(b)

$m = 3$ に対応する，3 周期分入るときの cos 波は，

$$\cos(3 \cdot 2\pi t/[4T]) = \cos(1.5\pi t/T)$$

です。このとき $t = 0$，T，$2T$，$3T$ を代入すると，

$$\cos(0) = 1$$

$$\cos(1.5\pi) = 0$$

$$\cos(3\pi) = -1$$

$$\cos(4.5\pi) = 0$$

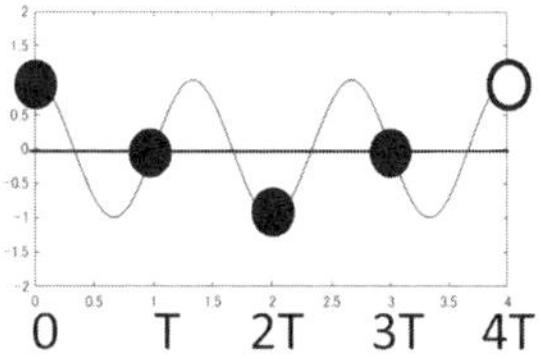

図 7-2(c)

となり（図 7-2(c)），周期 $4T$ の cos 波（つまり $\cos(2\pi t/[4T])$ の波）と区別できません。もっと言えば，$\cos(2\pi t/[4T])$ あるいは $\cos(-2\pi t/[4T])$ と見なされてしまうのです。これが，Aliasing です。

最後に，4 周期分入るときの周期は T ですが，この cos 波は，

$$\cos(2\pi t/T) = \cos(2\pi t/T)$$

です。このとき $t = 0, T, 2T, 3T$ を代入すると，

$$\cos(0) = 1$$

$$\cos(2\pi) = 1$$

$$\cos(4\pi) = 1$$

$$\cos(6\pi) = 1$$

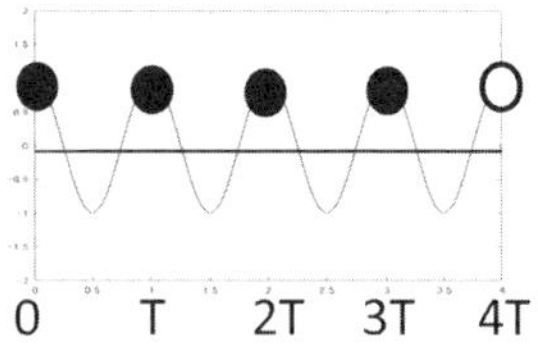

図 7-2(d)

すべて 1 となってしまいます（図 7-2(d)）。この結果は，はじめの周波数 0 の cos 波と同じです。つまり，サンプリング周期と等しい周期をもつ cos 波は，検出できません。これも Aliasing です。

同様のことを sin 波についても検証してみます。

4 つのデータから計測可能な，もっとも長い周期 $4T$ に対応する振動数は，$2\pi/[4T]$ です。0，1，2，3，4 倍の振動数の sin 波を検証してみます。

0 倍の sin 波は，

$$\sin(2\pi\cdot\{0\cdot t/[4T]\})=\sin(0)$$

となり，いつも 0 となります。よって，この振動数の sin 波は検出できません。

1 倍の sin 波は，

$$\sin(2\pi t/[4T])$$

です。$t=0$，T，$2T$，$3T$ を代入すると，

$$\sin(0)=0$$

$$\sin(0.5\pi)=1$$

$$\sin(\pi)=0$$

$$\sin(1.5\pi)=-1$$

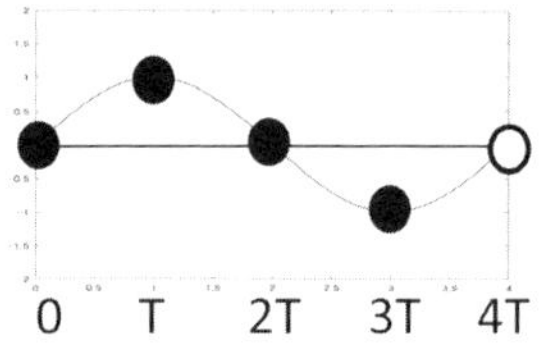

図 7-3(a)

となります（図 7-3(a)）。

次に，2 倍の振動数，つまり 2 周期分入る周期 $2T$ の sin 波は，

$$\sin(2\pi t/[2T])=\sin(\pi t/T)$$

です。$t=0$，T，$2T$，$3T$　における値を計算すると，

$$\sin(0)=0$$

$$\sin(\pi)=0$$

$$\sin(2\pi)=0$$

$$\sin(3\pi)=0$$

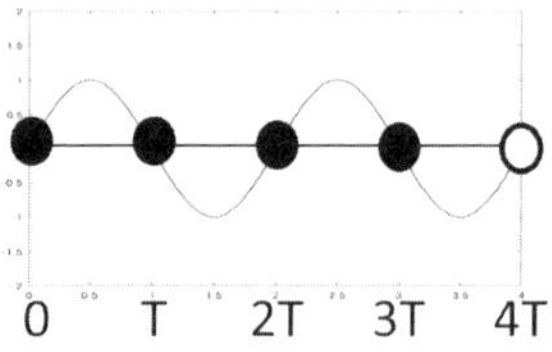

図 7-3(b)

となり，すべて 0 となって（図 7-3(b)），検出できません。

3 倍の振動数（3 周期分入る周期 $4T/3$）の sin 波は，

$$\sin(3\cdot 2\pi t/[4T])=\sin(1.5\pi t/T)$$

です。$t=0$，T，$2T$，$3T$ における値を計算すると，

$$\sin(0)=0$$

$$\sin(1.5\pi)=-1$$

$$\sin(3\pi)=0$$

$$\sin(4.5\pi)=1$$

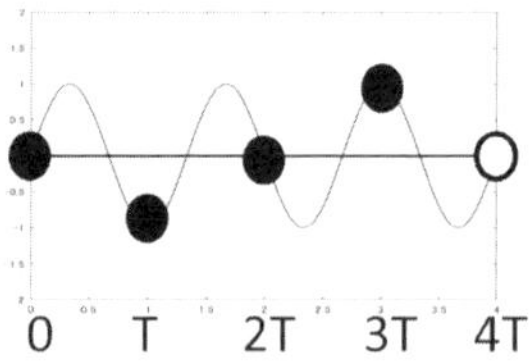

図 7-3(c)

となり（図 7-3(c)），$\sin(-2\pi t\ /[4T])$ と区別がつかず，$\sin(-2\pi t\ /[4T])$ と見なしてしまいます。これも Aliasing です。

最後に 4 周期分入るときの周期 T の sin 波は,

$$\sin(4\cdot 2\pi t/[4T])=\sin(2\pi t/T)$$

です。この場合の $t=0$, T, $2T$, $3T$ における値を計算すると,

$$\sin(0)=0$$

$$\sin(2\pi)=0$$

$$\sin(4\pi)=0$$

$$\sin(6\pi)=0$$

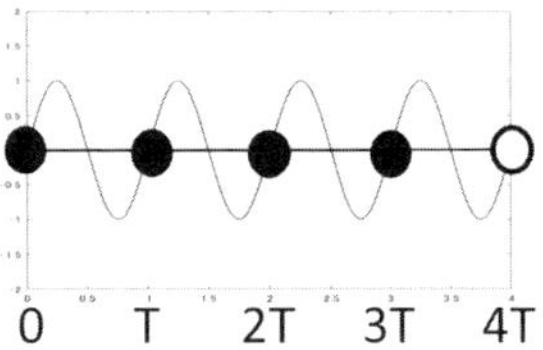

図 7-3(d)

となって，0 と見なしてしまいます（**図 7-3(d)**）。サンプリング周期と同一の sin 波については，その存在さえ見逃してしまうのです。

以上の結果から分かるように，サンプリング周期 T に対して，検出できる cos 波の最小周期は $2T$ です。この $2T$ が離散時間系の検出限界になります。ただし，この周期の sin 波は検出できません。

以上の事実は，全時間長さ $8T$ を対象とするとより明確になると思います。**表 7-1** を見て下さい。この表は，基本の振動数を $2\pi/[8T]$ として，0 倍，1 倍（$\omega=2\pi/[8T]$），2 倍（$\omega=2\pi/[4T]$），3 倍（$\omega=6\pi/[8T]=3\pi/[4T]$），4 倍（$\omega=8\pi/[8T]=2\pi/[2T]=\pi/T$），5 倍（$\omega=10\pi/[8T]=5\pi/[4T]$），6 倍（$\omega=12\pi/[8T]=1.5\pi/T$），7 倍（$\omega=14\pi/[8T]=7\pi/[4T]$）の cos 波と sin 波の，$t=0$, T, $2T$, $3T$, $4T$, $5T$, $6T$, $7T$ における値を計算した結果です。

表 7-1　離散時間系の cos と sin

$t=kT$	0	T	$2T$	$3T$	$4T$	$5T$	$6T$	$7T$
$\cos(0\cdot t)$	1	1	1	1	1	1	1	1
$\cos(2\pi t/[8T])$	1	$\sqrt{2}/2$	0	$-\sqrt{2}/2$	-1	$-\sqrt{2}/2$	0	$\sqrt{2}/2$
$\cos(4\pi t/[8T])$	1	0	-1	0	1	0	-1	0
$\cos(6\pi t/[8T])$	1	$-\sqrt{2}/2$	0	$\sqrt{2}/2$	-1	$\sqrt{2}/2$	0	$-\sqrt{2}/2$
$\cos(8\pi t/[8T])$	1	-1	1	-1	1	-1	1	-1
$\cos(10\pi t/[8T])$	1	$-\sqrt{2}/2$	0	$\sqrt{2}/2$	-1	$\sqrt{2}/2$	0	$-\sqrt{2}/2$
$\cos(12\pi t/[8T])$	1	0	-1	0	1	0	-1	0
$\cos(14\pi t/[8T])$	1	$\sqrt{2}/2$	0	$-\sqrt{2}/2$	-1	$-\sqrt{2}/2$	0	$\sqrt{2}/2$

$t=kT$	0	T	$2T$	$3T$	$4T$	$5T$	$6T$	$7T$
$\sin(0\cdot t)$	0	0	0	0	0	0	0	0
$\sin(2\pi t/[8T])$	0	$\sqrt{2}/2$	1	$\sqrt{2}/2$	0	$-\sqrt{2}/2$	-1	$-\sqrt{2}/2$
$\sin(4\pi t/[8T])$	0	1	0	-1	0	1	0	-1
$\sin(6\pi t/[8T])$	0	$\sqrt{2}/2$	-1	$\sqrt{2}/2$	0	$-\sqrt{2}/2$	1	$-\sqrt{2}/2$
$\sin(8\pi t/[8T])$	0	0	0	0	0	0	0	0
$\sin(10\pi t/[8T])$	0	$-\sqrt{2}/2$	1	$-\sqrt{2}/2$	0	$\sqrt{2}/2$	-1	$\sqrt{2}/2$
$\sin(12\pi t/[8T])$	0	-1	0	1	0	-1	0	1
$\sin(14\pi t/[8T])$	0	$-\sqrt{2}/2$	-1	$-\sqrt{2}/2$	0	$\sqrt{2}/2$	1	$\sqrt{2}/2$

この表から分かるように，cos に対しては

$\cos(10\pi t/[8T])=\cos(2\pi t/[8T/5])$　$\rightarrow \cos(-2\pi t/[8T/3])$ と変わらない

$\cos(12\pi t/[8T])=\cos(2\pi t/[8T/6])$　$\rightarrow \cos(-2\pi t/[8T/2])$ と変わらない

$\cos(14\pi t/[8T])=\cos(2\pi t/[8T/7])$　$\rightarrow \cos(-2\pi t/[8T])$ と変わらない

という関係があり，sin については

$\sin(10\pi t/[8T])=\sin(2\pi t/[8T/5])$　$\rightarrow \sin(-2\pi t/[8T/3])$ と変わらない

$\sin(12\pi t/[8T])=\sin(2\pi t/[8T/6])$　$\rightarrow \sin(-2\pi t/[8T/2])$ と変わらない

$\sin(14\pi t/[8T])=\sin(2\pi t/[8T/7])$　$\rightarrow \sin(-2\pi t/[8T])$ と変わらない

という関係があります。したがって，$t=kT$ $(k=0, 1, 2, 3, 4, 5, 6, 7)$ とする限り，

$m=0$:　$\cos(0)=1$;　$\sin(0)=0$

m=1:　$\cos(2\pi t/[8T])$;　$\sin(2\pi t/[8T])$

m=2:　$\cos(2\pi t/[4T])$;　$\sin(2\pi t/[4T])$

m=3:　$\cos(2\pi t/[8T/3])$;　$\sin(2\pi t/[8T/3])$

m=4:　$\cos(2\pi t/[8T/4])$;　$\sin(2\pi t/[8T/4])=0$

m=5:　$\cos(-2\pi t/[8T/3])$;　$\sin(-2\pi t/[8T/3])$

m=6:　$\cos(-2\pi t/[8T/2])$;　$\sin(-2\pi t/[8T/2])$

m=7:　$\cos(-2\pi t/[8T])$;　$\sin(-2\pi t/[8T])$

を計算していることになります。

ですから，この場合の，全部で 8 点の時系列データから検出できる cos 波と sin 波は

$\cos(0)$

$\cos(2\pi t/[8T])$,　$\sin(2\pi t/[8T])$

$\cos(2\pi t/[4T])$,　$\sin(2\pi t/[4T])$

$\cos(2\pi t/[8T/3])$,　$\sin(2\pi t/[8T/3])$

$\cos(2\pi t/[2T])$

となります（sin 波の場合，括弧内がマイナスとなるときも含みます）。

以上の性質を踏まえて，**離散 Fourier（フーリエ）変換**（Discrete Fourier Transform, DFT）を計算します。

7-2　離散 Fourier 変換（DFT）

これまでの議論を一般化すると，等しいサンプリング周期 T で採取された N 個の離散化データに対しては（Nを「2の自然数乗で表せる整数」とします），〔振動数 0, $2\pi/[NT]$, $\cdots$, $2\pi/[2T]$ までの，全部で（$[N/2]+1$）個の cos 波〕と〔振動数 $2\pi/[NT], \cdots, 2\pi([N/2]-1)/[NT]$ までの，全部で（$[N/2]-1$）個の sin 波〕を検出できることになります。

全部で N 個の時刻歴データから，〔cos と sin の両者を合わせて N 個の波〕を検出できることになって，データ数と検出される波の数が一致します。

通常の，連続時間系の Fourier 変換は，$t=-\infty\sim+\infty$ の時刻歴データを対象に，次のように計算されました。

$$X(j\omega)=\int_{-\infty}^{+\infty}x(t)e^{-j\omega t}dt$$

離散時間系は，現実の世界と対応していますので，データ数は有限です。データ数

を N として（ここでも，N は，2 の自然数乗です），DFT を次のように計算します。

$$X(j\omega_k) = \sum_{m=0}^{N-1} x(t)e^{-j\omega_k mT} = \sum_{m=0}^{N-1} x(t)\exp(-j\omega_k mT)$$

このとき，前節で述べたように，

$$\omega_k = \frac{2\pi k}{NT} \quad (k = 0, \cdots, \frac{N}{2})$$

と設定すれば，

$$X(j\omega_k) = \sum_{m=0}^{N-1} x(mT)\exp\left(-j\frac{2\pi kmT}{NT}\right)$$

ここで表記の簡素化のために，$x(mT)$ を $x(m)$ とすれば，

$$X(j\omega_k) = \sum_{m=0}^{N-1} x(m)\exp\left(-j\frac{2\pi km}{N}\right)$$

この表示から，総和記号で表される部分の計算はサンプリング周期に無関係となることが分かります。

確認のため，$N = 8$ として書き出してみます。さらに表記を簡潔にするため，$x(m)$ を x_m とします。

$k = 0$ に対しては，

$$X(j\omega_0) = X(0) = \sum_{m=0}^{7} x_m \exp\left(-j\frac{0}{8}\right) = \sum_{m=0}^{7} x_m$$

$k = 1$〜3 に対しては，

$$X(j\omega_k) = X\left(j\frac{2\pi k}{8T}\right) = \sum_{m=0}^{7} x_m \exp\left(-j\frac{2\pi km}{8}\right)$$

$$= x_0\exp(0) + x_1\exp\left(-j\frac{2\pi k}{8}\right) + x_2\exp\left(-j\frac{4\pi k}{8}\right)$$

$$+ x_3\exp\left(-j\frac{6\pi k}{8}\right) + x_4\exp\left(-j\frac{8\pi k}{8}\right) + x_5\exp\left(-j\frac{10\pi k}{8}\right)$$

$$+ x_6\exp\left(-j\frac{12\pi k}{8}\right) + x_7\exp\left(-j\frac{14\pi k}{8}\right)$$

$k = 4$ に対しては，

$$X(j\omega_4) = X\left(j\frac{8\pi}{8T}\right) = \sum_{m=0}^{7} x_m \exp(-j\pi m)$$

$$= x_0\exp(0) + x_1\exp(-j\pi) + x_2\exp(-j2\pi)$$
$$+ x_3\exp(-j3\pi) + x_4\exp(-j4\pi) + x_5\exp(-j5\pi)$$
$$+ x_6\exp(-j6\pi) + x_7\exp(-j7\pi)$$
$$= x_0 - x_1 + x_2 - x_3 + x_4 - x_5 + x_6 - x_7$$

以上の結果を行列表示すれば，

$$[A]\begin{bmatrix} x_0 \\ x_1 \\ x_2 \\ x_3 \\ x_4 \\ x_5 \\ x_6 \\ x_7 \end{bmatrix} = \begin{bmatrix} X(0) \\ X(j\omega_1) \\ X(j\omega_2) \\ X(j\omega_3) \\ X(j\omega_4) \end{bmatrix}$$

係数にあたる A は，5×8 の行列です。1 行目と 5 行目の全要素は

$$a_{11} = a_{12} = a_{13} = a_{14} = a_{15} = a_{16} = a_{17} = a_{18} = 1$$
$$a_{51} = a_{53} = a_{55} = a_{57} = 1\,, \qquad a_{52} = a_{54} = a_{56} = a_{58} = -1$$

のように実数になるので，実数データを扱うものとすれば，$X(0)$と $X(j\omega_4)$ も実数となります。A の他の要素は一般的には複素数となりますので，

$$a_{kl} = \alpha_{kl} + j\beta_{kl}$$

と表して，上の行列表示を

$$\begin{bmatrix} 1 & 1 & 1 & 1 & 1 & 1 & 1 & 1 \\ \alpha_{21} & \alpha_{22} & \alpha_{23} & \alpha_{24} & \alpha_{25} & \alpha_{26} & \alpha_{27} & \alpha_{28} \\ \beta_{21} & \beta_{22} & \beta_{23} & \beta_{24} & \beta_{25} & \beta_{26} & \beta_{27} & \beta_{28} \\ \alpha_{31} & \alpha_{32} & \alpha_{33} & \alpha_{34} & \alpha_{35} & \alpha_{36} & \alpha_{37} & \alpha_{38} \\ \beta_{31} & \beta_{32} & \beta_{33} & \beta_{34} & \beta_{35} & \beta_{36} & \beta_{37} & \beta_{38} \\ \alpha_{41} & \alpha_{42} & \alpha_{43} & \alpha_{44} & \alpha_{45} & \alpha_{46} & \alpha_{47} & \alpha_{48} \\ \beta_{41} & \beta_{42} & \beta_{43} & \beta_{44} & \beta_{45} & \beta_{46} & \beta_{47} & \beta_{48} \\ 1 & -1 & 1 & -1 & 1 & -1 & 1 & -1 \end{bmatrix} \begin{bmatrix} x_0 \\ x_1 \\ x_2 \\ x_3 \\ x_4 \\ x_5 \\ x_6 \\ x_7 \end{bmatrix} = \begin{bmatrix} \mathrm{Re}\{X(0)\} \\ \mathrm{Re}\{X(j\omega_1)\} \\ \mathrm{Im}\{X(j\omega_1)\} \\ \mathrm{Re}\{X(j\omega_2)\} \\ \mathrm{Im}\{X(j\omega_2)\} \\ \mathrm{Re}\{X(j\omega_3)\} \\ \mathrm{Im}\{X(j\omega_3)\} \\ \mathrm{Re}\{X(j\omega_4)\} \end{bmatrix}$$

と書き直せば，A 行列は実質的には 8×8 の係数行列であることが分かります。つまり，8 つの時系列データから

$$\mathrm{Re}\{X(0)\},\ \mathrm{Re}\{X(j\omega_1)\},\ \mathrm{Im}\{X(j\omega_1)\},\ \mathrm{Re}\{X(j\omega_2)\},\ \mathrm{Im}\{X(j\omega_2)\},$$
$$\mathrm{Re}\{X(j\omega_3)\},\ \mathrm{Im}\{X(j\omega_3)\},\ \mathrm{Re}\{X(j\omega_4)\}$$

の 8 つの値を算出しています。

システムの制御等でよく使われているソフトウェア MATLAB® には，この DFT を高速で計算するプログラムが用意されています。

以上の DFT の結果，$X(0)$，$X(j\omega_1)$，$X(j\omega_2)$，$X(j\omega_3)$，$X(j\omega_4)$ を用いて，

$$\frac{1}{8}\sum_{m=0}^{7} X(j\omega_m)e^{j\omega_m lT}$$

を計算してみます。総和記号の前の分母の 8 はデータ総数です。逆変換には，1/8 を係数として乗じておく必要があります。この係数がないと元の時系列データに戻りません。理由は，すぐに明らかになります。ただし

$$X(j\omega_5) = X^*(j\omega_3) = X(-j\omega_3),$$
$$X(j\omega_6) = X^*(j\omega_2) = X(-j\omega_2),$$
$$X(j\omega_7) = X^*(j\omega_1) = X(-j\omega_1)$$

です。上添字位置の * は共役の複素数を意味します。

以上の前提で，

$$\frac{1}{8}\sum_{m=0}^{7} X(j\,\omega_m)e^{j\omega_m lT} = \frac{1}{8}\sum_{m=0}^{7}\left(\sum_{n=0}^{7} x(nT)e^{-j\omega_m nT}\right)e^{j\omega_m lT}$$

総和記号の順序を入れ替えると，

$$\sum_{n=0}^{7} x(nT)\frac{1}{8}\left(\sum_{m=0}^{7} e^{-j\omega_m nT}e^{j\omega_m lT}\right) = \sum_{n=0}^{7} x(nT)\frac{1}{8}\left(\sum_{m=0}^{7} e^{-j\omega_m (n-l)T}\right)$$

いま考えている例では，n，l ともに 0〜7 までの整数ですので，$(n-l)$ は−7〜＋7 までのいずれかの整数となります。$\sum_{m=0}^{7} e^{j\omega_m (n-l)T}$ は，$\omega_m = 2\pi m/[8T]$ （m=1〜7）のように設定しておけば，$n-l=0$ でない限り必ず 0 になります。確認のため，**図 7-4** に，ω_1，ω_2，ω_3，ω_4 に対する $(n-l)T=0$，T，$2T$，$3T$，$4T$，$5T$，$6T$，$7T$ における実部の値を黒丸でプロットしています。この図から，どの場合も，8 点の値の合計は 0 であることが分かります。虚部も同様に 0 になります。ただし，$n=l$ に限っては，

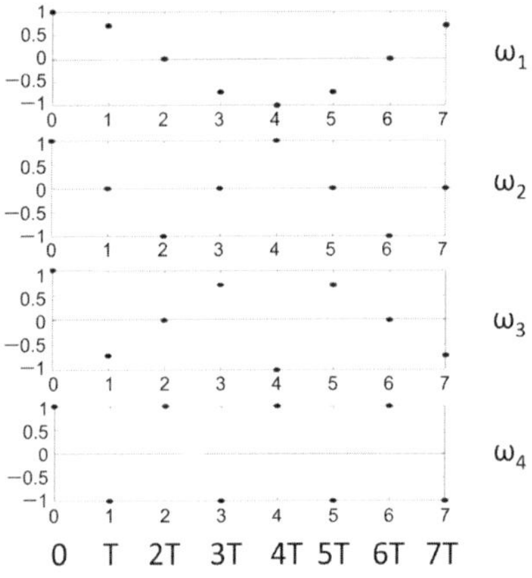

図 7-4

$$\sum_{m=0}^{7} e^{j\omega_m (n-l)T} = \sum_{m=0}^{7} 1 = 8$$

となります。

このような場合を一括して表せる便利な記号に,「**クロネッカーのデルタ**」があります。この記号は δ_{ij} と書きます。δ_{ij} は $i = j$ に限っては1となるが，それ以外は0となる状況を表現する記号です。この記号を用いれば,

$$\sum_{n=0}^{7} x(nT)\frac{1}{8}\left(\sum_{m=0}^{7} e^{j\omega_m(n-l)T}\right) = \sum_{n=0}^{7} x(nT)\frac{1}{8}\cdot 8\delta_{nl} = \sum_{n=0}^{7} x(nT)\,\delta_{nl} = x(lT)$$

$$\therefore \frac{1}{8}\sum_{m=0}^{7} X(j\,\omega_m)e^{j\omega_m lT} = x(lT)$$

δ_{nl} は $n = l$ のときだけ1となるので，$\sum_{n=0}^{7} x(nT)\delta_{nl}$ は $x(lT)$ となるのです。

したがって,

$$\frac{1}{8}\sum_{m=0}^{7} X(j\,\omega_m)e^{j\omega_m lT}$$

によって，DFT の結果からもとのデータ列に戻ることが確認できました。これが逆 DFT（逆離散 Fourier 変換）です。

データ数を N として，DFT と逆 DFT を並べて書けば,

$$X(j\omega_m) = \sum_{n=0}^{N-1} x(nT)e^{-j\omega_m nT} \tag{7.2.1}$$

$$x(lT) = \frac{1}{N}\sum_{m=0}^{N-1} X(j\omega_m)e^{j\omega_m lT} \tag{7.2.2}$$

ただし，$\omega_m = 2\pi m/[NT]$（$m = 0$〜$N-1$）としています。

7-3　z-変換

基本的に DFT と同様の変換となるのが「**z-変換**」（z-Transform）です。z-変換は，$z\{x(nT)\}$ あるいは $z\{x(n)\} = X(z)$ のように表記し，次のような計算を行います。

$$X(z) = \sum_{n=0}^{\infty} x(nT)z^{-n}\,.$$

前節の最後に挙げた DFT の式(7.2.1),

$$X(j\omega_m) = \sum_{n=0}^{N-1} x(nT)e^{-j\omega_m nT} = \sum_{n=0}^{N-1} x(nT)\left(e^{j\omega_m T}\right)^{-n}$$

と比べると，$z = e^{j\omega_m T}$ とすることで，総和記号の範囲が異なるものの，z-変換は DFT

と同じ計算となっていることになります。

z-変換ではデータ数を∞としていますが，現実の離散時間のデータ列を使って z-変換するときには，有限個のデータ列を取り扱いますので，データ数の違いはここでは気にしなくてかまいません。

z-変換の定義，

$$z\{x(nT)\} = X(z) = \sum_{n=0}^{\infty} x(nT)z^{-n}$$

を具体的に書いてみます。前の扱いと同様，表記の簡素化を目的として，データ列を $x(nT)$ ではなく $x(n)$ と表します。よって

$$z\{x(n)\} = X(z) = x(0) + x(1)z^{-1} + x(2)z^{-2} + \cdots$$

この z-変換の定義にしたがうと，$z\{x(n-1)\}$ は

$$\begin{aligned} z\{x(n-1)\} &= \sum_{n=0}^{\infty} x(n-1)z^{-n} \\ &= x(-1)z^{0} + x(0)z^{-1} + x(1)z^{-2} + x(2)z^{-3} + \cdots \\ &= z^{-1}(x(0) + x(1)z^{-1} + x(2)z^{-2} + \cdots) = z^{-1}X(z) \end{aligned}$$

ただし，$x\,(-1)$ はデータとして存在していません。この関係を，k を自然数として一般論に拡張すれば

$$\sum_{n=k}^{\infty} x(n-k)z^{-n} = z^{-k}X(z)$$

ここで，z-変換と，連続時間データを対象とした Laplace 変換との対応を考えてみます。Laplace 変換の定義は，以下の通りでした。

$$X(s) = \int_{0}^{\infty} x(t)e^{-st}dt$$

離散時間系のデータ列を使って，Laplace 変換を近似しようとすれば，積分を総和記号によって代用し，dt をサンプリング時間 T に代えて

$$X(s) \cong \sum_{n=0}^{\infty} x(n)e^{-snT}T$$

とできます。$z = e^{sT}$ とすれば，

$$X(s) \cong T\sum_{n=0}^{\infty} x(n)z^{-n} = T \cdot X(z)$$

$$\therefore X(z) \cong \frac{1}{T} X(s)$$

の関係にあることが分かります。

ここで，z-変換の計算例をいくつか示しておきます。

【例 1】$x(n) = \exp(\pm j\omega nT)$ の z-変換

$$\sum_{n=0}^{\infty} e^{\pm j\omega nT} z^{-n} = \sum_{n=0}^{\infty} (e^{\pm j\omega T} z^{-1})^n = \frac{1}{1 - e^{\pm j\omega T} z^{-1}} = \frac{z}{z - e^{\pm j\omega T}}$$

Laplace 変換は

$$\int_0^{\infty} e^{\pm j\omega t}\, e^{-st} dt = \frac{1}{-s \pm j\omega}(0 - 1) = \frac{1}{s \mp j\omega}$$

です。この例で得られた z-変換に T を乗じておいて，$z = e^{sT} \cong 1 + sT$，$e^{\pm j\omega T} \cong 1 \pm j\omega T$ と近似すると

$$z\{e^{\pm j\omega nT}\} T = \frac{zT}{z - e^{\pm j\omega T}} \cong \frac{(1 + sT)T}{1 + sT - 1 \mp j\omega T} = \frac{T + sT^2}{sT \mp j\omega T} = \frac{1 + sT}{s \mp j\omega}$$

この結果において $T \to 0$ とすれば，Laplace 変換と一致します。

【例 2】$x(n) = \cos(\omega nT)$ の z-変換

$$\sum_{n=0}^{\infty} \cos(\omega nT) z^{-n} = \sum_{n=0}^{\infty} \frac{e^{+j\omega nT} + e^{-j\omega nT}}{2} z^{-n}$$

$$= \frac{1}{2}\left\{\sum_{n=0}^{\infty}\left(e^{+j\omega T} z^{-1}\right)^n + \sum_{n=0}^{\infty}\left(e^{-j\omega T} z^{-1}\right)^n\right\} = \frac{1}{2}\left\{\frac{z}{z - e^{+j\omega T}} + \frac{z}{z - e^{-j\omega T}}\right\}$$

$$= \frac{1}{2} \cdot \frac{2z^2 - \left(e^{+i\omega T} + e^{-j\omega T}\right)z}{z^2 - (e^{+i\omega T} + e^{-j\omega T})z + 1} = \frac{z^2 - \cos(\omega T)\, z}{z^2 - 2\cos(\omega T)\, z + 1}$$

この例でも Laplace 変換との対応を確認します。Laplace 変換は

$$\int_0^{\infty} \cos(\omega t)\, e^{-st} dt = \frac{s}{s^2 + \omega^2}$$

この例の, 上で得られたz-変換にTを乗じて, $z = e^{sT} \cong 1 + sT + \frac{S^2T^2}{2}$, $\cos(\omega T) \cong 1 - \frac{(\omega T)^2}{2}$ と近似すると

$$z\{\cos(\omega nT)\}T \cong \frac{\{1 + 2sT + s^2T^2 - (1 - 0.5\omega^2T^2)(1 + sT)\}T}{1 + 2sT + 2s^2T^2 - 2(1 - 0.5\omega^2T^2)(1 + sT) + 1}$$

$$= \frac{(1 + 2sT + s^2T^2 - 1 - sT + 0.5\omega^2T^2)T}{1 + 2sT + 2s^2T^2 - (2 - \omega^2T^2)\left(1 + sT + \frac{S^2T^2}{2}\right) + 1}$$

$$= \frac{sT^2 + s^2T^3 + 0.5\omega^2T^3}{s^2T^2 + \omega^2T^2 + s\omega^2T^3} = \frac{s + s^2T + 0.5\omega^2T}{s^2 + \omega^2 + s\omega^2T}$$

これを $T \to 0$ とすれば, Laplace 変換 $s/(s^2 + \omega^2)$と一致します。

【例 3】$x(n) = \sin(\omega nT)$ の z-変換 :

$$\sum_{n=0}^{\infty} \sin(\omega nT)z^{-n} = \sum_{n=0}^{\infty} \frac{e^{+j\omega nT} - e^{-j\omega nT}}{2j} z^{-n}$$

$$= \frac{1}{2j}\left\{\sum_{n=0}^{\infty}\left(e^{+j\omega T}z^{-1}\right)^n - \sum_{n=0}^{\infty}\left(e^{-j\omega T}z^{-1}\right)^n\right\} = \frac{1}{2j}\left\{\frac{z}{z - e^{+j\omega T}} - \frac{z}{z - e^{-j\omega T}}\right\}$$

$$= \frac{1}{2j} \cdot \frac{\left(e^{+j\omega T} - e^{-j\omega T}\right)z}{z^2 - (e^{+j\omega T} + e^{-j\omega T})z + 1} = \frac{\sin(\omega T)z}{z^2 - 2\cos(\omega T)z + 1}$$

この場合の Laplace 変換との対応については, 自身で確認してみてください。

【例 4】$x(n) = [1/\omega]\sin(\omega nT)$ の z-変換

$$\sum_{n=0}^{\infty} \frac{1}{\omega} \sin(\omega nT)z^{-n} = \frac{1}{\omega}\ \frac{\sin(\omega T)z}{z^2 - 2\cos(\omega T)z + 1}$$

Laplace 変換との対応については, 自身で確認してみてください。

【例 5】$x(n)=[1/\omega]e^{-\zeta\omega_0 nT}\ \sin(\omega nT)$ の z-変換

$$\sum_{n=0}^{\infty}\frac{1}{\omega}e^{-\zeta\omega_0 nT}\sin(\omega nT)z^{-n}=\frac{1}{\omega}\sum_{n=0}^{\infty}\frac{e^{-\zeta\omega_0 nT}(e^{+j\omega nT}-e^{-j\omega nT})}{2j}z^{-n}$$

$$=\frac{1}{2j\omega}\left\{\sum_{n=0}^{\infty}\left(e^{-\zeta\omega_0 T+j\omega T}z^{-1}\right)^n-\sum_{n=0}^{\infty}\left(e^{-\zeta\omega_0 T-j\omega T}z^{-1}\right)^n\right\}$$

$$=\frac{1}{2j\omega}\left\{\frac{z}{z-e^{-\zeta\omega_0 T+j\omega T}}-\frac{z}{z-e^{-\zeta\omega_0 T-j\omega T}}\right\}$$

$$=\frac{1}{2j\omega}\cdot\frac{e^{-\zeta\omega_0 T}\left(e^{+j\omega T}-e^{-j\omega T}\right)z}{z^2-e^{-\zeta\omega_0 T}(e^{+j\omega T}+e^{-j\omega T})z+e^{-2\zeta\omega_0 T}}$$

$$=\frac{1}{\omega}\cdot\frac{e^{-\zeta\omega_0 T}\sin(\omega T)z}{z^2-2e^{-\zeta\omega_0 T}\cos(\omega T)z+e^{-2\zeta\omega_0 T}}$$

この場合も Laplace 変換との対応については，自身で確認してみてください。

この【例 5】で $\omega=\omega_0\sqrt{1-\zeta^2}$ とすれば，単位衝撃応答関数の z-変換となりますので，単位衝撃応答関数 $h(n)$ の z-変換は

$$H(z)=\frac{1}{\omega_0\sqrt{1-\zeta^2}}\cdot\frac{e^{-\zeta\omega_0 T}\sin(\omega_0\sqrt{1-\zeta^2}T)z}{z^2-2e^{-\zeta\omega_0 T}\cos(\omega_0\sqrt{1-\zeta^2}T)z+e^{-2\zeta\omega_0 T}}$$

T が十分小さいものとすれば，以下のように近似できます。

$$\sin\left(\omega_0\sqrt{1-\zeta^2}T\right)\cong\omega_0\sqrt{1-\zeta^2}\ T$$

$$\cos\left(\omega_0\sqrt{1-\zeta^2}T\right)\cong 1-\frac{\omega_0^2(1-\zeta^2)T^2}{2}$$

$$e^{-\zeta\omega_0 T}\cong 1-\zeta\omega_0 T+\frac{\zeta^2\omega_0^2T^2}{2}$$

$$e^{-2\zeta\omega_0 T}\cong 1-2\zeta\omega_0 T+\ \zeta^2\omega_0^2T^2$$

$$z=e^{sT}\cong 1+sT+\frac{S^2T^2}{2}$$

これらの近似を用いれば,

$$H(z) \cong \frac{1}{\omega_0\sqrt{1-\zeta^2}} \cdot \frac{(1-\zeta\omega_0 T)(\omega_0\sqrt{1-\zeta^2}T)(1+sT)}{1+2sT+2S^2T^2-2(1-\zeta\omega_0 T)(1-\frac{\omega_0^2[1-\zeta^2]T^2}{2})(1+sT)+(1-2\zeta\omega_0 T+\zeta^2\omega_0^2T^2)}$$

$$= \frac{(1-\zeta\omega_0 T)T(1+sT)}{1+2sT+2S^2T^2-2(1-\zeta\omega_0 T)(1+sT)+(1-\zeta\omega_0 T)\omega_0^2(1-\zeta^2)T^2(1+sT)+(1-2\zeta\omega_0 T+\zeta^2\omega_0^2T^2)}$$

T^2 までの項を残すと,

$$\frac{T-\zeta\omega_0 T^2+sT^2}{1+2sT+s^2T^2-2(1+[s-\zeta\omega_0]T-\zeta\omega_0 sT^2)+\omega_0^2(1-\zeta^2)T^2+(1-2\zeta\omega_0 T+\zeta^2\omega_0^2T^2)}$$

$$= \frac{T+(s-\zeta\omega_0)T^2}{s^2T^2+2\zeta\omega_0 T+2\zeta\omega_0 sT^2+\omega_0^2T^2-\zeta^2\omega_0^2T^2-2\zeta\omega_0 T+\zeta^2\omega_0^2T^2}$$

$$= \frac{T+(s-\zeta\omega_0)T^2}{s^2T^2+2\zeta\omega_0 sT^2+\omega_0^2T^2}$$

T が微小であれば, $H(z)\,T = H(s)$ となるので, 上で得られた結果を T 倍して T^2 の項までを残すと,

$$H(z)T = \frac{T^2}{s^2T^2+2\zeta\omega_0 sT^2+\omega_0^2T^2}$$

分母分子を T^2 で割ると

$$H(z)T = \frac{1}{s^2+2\zeta\omega_0 s+\omega_0^2}$$

よって, $h(t)$ の Laplace 変換 $H(s)$ に一致することが確認できます。

z-変換の計算例をもう少し挙げておきます。

ずっと 1 をとりつづける時系列データを z-変換します。

【例 6】 $x(n) = 1$ の z-変換

$$\sum_{n=0}^{\infty} 1 \cdot z^{-n} = \frac{1}{1-z^{-1}} = \frac{z}{z-1}$$

この z-変換は Unit Step 関数 **1**(t) の Laplace 変換, $1/s$, に対応します。

この z-変換に T を乗じ, $z = 1 + sT$ と近似します。

$$z\{\mathbf{1}(t)\}T = \frac{(1+sT)T}{1+sT-1} = \frac{T+sT^2}{sT} = \frac{1+sT}{s}$$

$T \to 0$ とすれば，Laplace 変換の結果，$1/s$，と一致します。

次に，時刻 0 から始まる単位パルスを z-変換します。この場合は，{1, 0, 0, …}というデータ列の z-変換となります。

【例 7】$x(n) = \{1, 0, 0, \ldots\}$ の z-変換

$$\sum_{n=0}^{\infty} x(n) \cdot z^{-n} = 1 \cdot z^{-0} = 1 \cdot 1 = 1$$

単位衝撃の z-変換を計算するときには，近似的に，サンプリング時間間隔 T だけ継続する大きさが $1/T$ のパルスに置き換えます。この z-変換が次の例です。

【例 8】$x(n) = \{1/T, 0, 0, \cdots\}$ の z-変換

$$\sum_{n=0}^{\infty} x(n) \cdot z^{-n} = \frac{1}{T} \cdot z^{-0} = \frac{1}{T}$$

この z-変換は Delta 関数 $\delta(t)$ の Laplace 変換，1，に対応するはずです。

上の z-変換に T を乗じます。

$$z\{\delta(t)\}T = \frac{T}{T} = 1$$

Laplace 変換の結果と一致します。

7-4　微分演算子と遅延演算子

連続時間系の挙動は微分方程式によって表され，離散時間系の挙動は，のちに述べますが，差分方程式によって表されます。〔微分方程式における Laplace 変換〕と〔差分方程式における z-変換〕は似た性格をもちます。

たとえば，次の 1 階の微分方程式を考えてみます。

$$\dot{x} = ax + bu$$

ここでは，スカラー変数・スカラー係数の表示としていますが，適宜，ベクトル変数・係数行列等であると見なせば，状態ベクトルに関する状態方程式となります。x の Laplace 変換を $X(s)$とすると，上の微分方程式の Laplace 変換は

$$sX(s) - x(0) = aX(s) + bU(s)$$

(s) を省略して表示を簡潔にすれば，

$$sX - aX = x(0) + bU$$

$$\therefore X = \frac{1}{s-a}x(0) + \frac{b}{s-a}U$$

初期値 $x(0) = 0$ ならば以下のようになります。

$$X = \frac{b}{s-a}U$$

ここで，d/dt を表す微分演算子 D を導入すると，1 階微分，2 階微分は

$$\dot{x} = \frac{dx}{dt} = \frac{d}{dt}x = Dx\,;\quad \ddot{x} = \frac{d^2x}{dt^2} = \frac{d^2}{dt^2}x = D^2x$$

と表示されます。この微分演算子を用いて，上で挙げた微分方程式を書けば

$$Dx = ax + bu$$

この表示からわかるように，微分演算子の便利な点は，初期条件を 0 とする条件下では，機械的に D を s に置き換えることで，Laplace 変換が得られることです。同様のやり方が z-変換にも適用できます。

1 階の微分方程式に対応する差分方程式は

$$x(n) = ax(n-1) + bu(n-1)$$

となります（ただし，微分方程式を差分方程式に変換したとき，微分方程式における係数 a，b が，そのまま差分方程式の係数 a，b と一致するわけではありません）。違いを明示するために，添字を用いた表示とすることもありますが，ここでは同じ記号を用います。

$$x(n) = ax(n-1) + bu(n-1)$$

両辺に z^{-n} を乗じ，

$$x(n)z^{-n} = ax(n-1)z^{-n} + bu(n-1)z^{-n}$$

さらに n に関して 0～∞ まで足し合わせると，

$$\sum_{n=0}^{\infty} x(n)z^{-n} = a\sum_{n=0}^{\infty} x(n-1)z^{-n} + b\sum_{n=0}^{\infty} u(n-1)z^{-n}$$

$x(-1)$ はデータとして存在しませんので，右辺の総和記号は実質的には $n = 1$ から始まることになります。上式は z-変換の性質から

$$X(z) = z^{-1}aX(z) + z^{-1}bU(z)$$

さらに変形して

$$X(z) - z^{-1}aX(z) = z^{-1}bU(z)$$

両辺を z 倍して

$$zX(z) - aX(z) = bU(z)$$

$$(z-a)X(z) = bU(z)$$

$$\therefore X(z) = \frac{b}{z-a}U(z)$$

が得られます。

確認のため，状態ベクトル，入力ベクトルに対応する解を書いておくと，

$$\mathbf{x}(z) = (z\mathbf{I} - \mathbf{A})^{-1}\mathbf{B}\mathbf{u}(z)$$

となります。ベクトルや行列の z-変換を扱うときには，z-変換された結果にも時間領域上の表現と同じ記号を用います。すでに時間領域において小文字・大文字の区別をしていますから，〔Lapalace 変換や z-変換を「大文字」で表す〕という原則に従わせようとすると，すべて大文字になってしまって混乱を生じかねません。

微分方程式における微分演算子と Laplace 変換の s との関係と同様なことを，z-変換にも適用できるという本題に戻ります。

微分方程式の微分演算子に対応するのが，差分方程式における「遅延演算子」となります。遅延演算子は q^{-1} と表示され，

$$q^{-1}x(n) = x(n-1)$$

のように，サンプリング時間を１つ遅らせたデータを与えます。一般論としては

$$q^{-k}x(n) = x(n-k)$$

この遅延演算子を，先に挙げた差分方程式に適用すると，

$$x(n) = aq^{-1}x(n) + bq^{-1}u(n)$$

微分演算子と同様に，q^{-1} をあたかも普通の係数のように扱って，機械的に計算をすすめてみます。

$$x(n) - q^{-1}ax(n) = q^{-1}bu(n)$$
$$(1 - q^{-1}a)x(n) = q^{-1}bu(n)$$
$$x(n) = \frac{q^{-1}b}{1 - q^{-1}a}u(n)$$
$$x(n) = \frac{b}{q - a}u(n)$$

に行きつきます。この q を機械的に z に置き換えれば，z-変換となります。

$$x(z) = \frac{b}{z - a}u(z)$$

q^{-1} は離散化された時間領域のための遅延演算子，一方 z は，$\exp(sT)$ あるいは $\exp(j\omega T)$ に相当する，離散時間系の振動数領域における変数です。本来 2 つは別の物理的意味を有していますが，遅延演算子にも記号 z^{-1} を用いている本や論文もあります。本来は厳密に区別されるべきものですが，$q^{-1} \leftrightarrow z^{-1}$ の機械的な置換が可能ですので，共通の記号 z によって遅延演算子も表現してしまうことがあるのです。本書では，上で行ってきたように q と z を区別して使用します。

7-5　離散時間系における入出力関係

すでに述べてきたように，離散時間系における振動数領域の表現は z-変換，あるいは離散 Fourier 変換（DFT）となります。z-変換と DFT は基本的に同じものです。

連続時間系では「畳み込み積分」で入出力関係が表されたように，離散時間系における線形時不変システムの入出力関係は，入力を $u(n)$，出力を $x(n)$ として，

$$x(n) = \sum_{m=0}^{n} g(n - m)u(m)$$

と表すことができます。離散時間系では積分が総和記号に代わっています。この関係式を z-変換してみます。

両辺に z^{-n} を乗じてから n に関して足し合わせます。

$$\sum_{n=0}^{\infty} x(n)z^{-n} = \sum_{n=0}^{\infty}\sum_{m=0}^{n} g(n - m)u(m)\, z^{-n}$$

左辺は z-変換 $x(z)$ を表しています。右辺の総和記号の順序を入れ替えると，

$$x(z) = \sum_{m=0}^{n} u(m) \sum_{n=0}^{\infty} g(n-m)\, z^{-n}$$

右辺の 2 番目の総和記号の部分は，$n \geq m$ でしか意味をもちませんので，

$$\sum_{n=m}^{\infty} g(n-m)\, z^{-n} = \sum_{n=m}^{\infty} g(n-m)\, z^{-n} z^{m} z^{-m} = z^{-m} \sum_{n=m}^{\infty} g(n-m)\, z^{-(n-m)}$$

$$= z^{-m} \sum_{n-m=0}^{\infty} g(n-m)\, z^{-(n-m)} = z^{-m} \sum_{k=0}^{\infty} g(k)\, z^{-k} = z^{-m} G(z)$$

となります。ここでは，〔$g\,(k) = 0,\ k < 0$〕を考慮しています。

よって，

$$x(z) = \sum_{m=0}^{\infty} u(m) z^{-m} G(z) = G(z) \sum_{m=0}^{\infty} u(m)\, z^{-m} = G(z) u(z)$$

となります。

〔入力の z-変換〕$u\,(z)$ に〔$g(n)$ の z-変換〕$G\,(z)$ を乗じると〔出力の z-変換〕$x\,(z)$ となるのです。この $G\,(z)$ を「**パルス伝達関数**」（Pulse Transfer Function）と呼びます。なぜ，伝達関数に「パルス」が付くのか？　理由を以下に述べます。

まず，連続時間系の議論に少しだけ戻って，時間領域で表現された次の「畳み込み積分」で表される入出力関係を考えます：

$$x(t) = \int_0^t h(t-\eta) u(\eta) d\eta$$

この Laplace 変換は

$$x(s) = H(s) u(s)$$

でした。〔入力の Laplace 変換〕$u\,(s)$ に伝達関数 $H\,(s)$ を乗じると〔出力の Laplace 変換〕$x\,(s)$ が得られます。z-変換とかたちの上では同様であることが分かります。

ちなみに，上の畳み込み積分を離散時間系のデータ列によって近似しようとすれば，

$$x(n) \cong \sum_{m=0}^{n} h(n-m) u(m)\, T$$

となります。この近似では，T が畳み込み積分における dt に対応していることに注意して下さい。この近似式を離散時間系の $x(n) = \sum_{m=0}^{n} g(n-m) u(m)$ と比べれば，

$$g(n-m) \cong h(n-m) T$$

の関係にあるはずです。当然ですが，T が 0 に近づくほど，両辺の一致度は大きくな

ります。

すでに「139 ページ」で述べたように，入出力の計測データの Laplace 変換は，z-変換によって以下のように近似されます。

$$x(s) \cong x(z)T; \quad u(s) \cong u(z)T$$

$G(z) = x(z)/u(z)$ の関係がありますから，$x(z)$，$u(z)$をともに T 倍してみると，

$$G(z) = \frac{x(z)}{u(z)} = \frac{x(z)T}{u(z)T} \cong \frac{x(s)}{u(s)} = H(s)$$

よって，

$$G(z) \cong H(s)$$

さらに，g と h の関係から，

$$G(z) \cong H(z)T \cong H(s)$$

であることが分かります。

以上の確認になりますが，

$$x(n) = \sum_{m=0}^{n} g(n-m)u(m) \cong \sum_{m=0}^{n} h(n-m)Tu(m)$$

という関係にあるので，〔連続時間系における単位衝撃応答関数〕$h(t)$ に対応した $h(n)$ を用いて，離散時間領域における入出力関係を表すのならば，サンプリング時間 T を乗じておく必要があるのです。

よって，$H(z)u(z)$ を計算したのでは，$x(z)$ とはならず，

$$x(z) \cong H(z)u(z)T$$

とする必要があります。つまり，〔出力の z-変換〕$x(z)$ を〔入力の z-変換〕$u(z)$で割っても，$H(z)$ にはならず，$H(z)T$ となるのです。

〔z-変換における入出力関係〕$x(z) = G(z)u(z)$において，$G(z)$を $H(z)\,T$ に直すと，

$$x(z) = G(z)u(z) \cong [H(z)T]u(z)$$

$H(z)$ は〔単位衝撃応答関数（時刻 0 において単位衝撃が入力されたときの出力を表す）の z-変換〕ですが，$H(z)T$ は，〔時刻 0 から始まる継続時間 T の単位パルス〕が入力されたときの出力の z-変換に相当します。$G(z) = H(z)T$ なので，$G(z)$ は単位パルス入力に対する応答の z-変換に相当しています。このため，$G(z)$ は「パルス伝達関数」と呼ばれます。

したがって，パルス伝達関数は，

〔パルス伝達関数〕＝〔出力の z-変換〕／〔入力の z-変換〕

と定義されます。

7-6　連続時間系の解からの差分方程式の誘導

すでに「112 ページ」において，微分方程式

$$\dot{\mathbf{x}}(t) = \mathrm{A}\mathbf{x}(t) + \mathrm{B}u(t)$$

の解が

$$\mathbf{x}(t) = e^{\mathrm{A}t}\mathbf{x}(0) + \int_0^t e^{\mathrm{A}(t-\eta)}\mathrm{B}u(\eta)\,d\eta$$

となることを示し，さらに時刻 t_m から t_n への経過を考えるのであれば

$$\mathbf{x}(t_n) = e^{\mathrm{A}(t_n-t_m)}\mathbf{x}(t_m) + \int_{t_m}^{t_n} e^{\mathrm{A}(t_n-\eta)}\mathrm{B}u(\eta)\,d\eta$$

と表される事実も示しました。

この式をもとに，離散時間系における差分方程式を誘導します。

離散時間系における $t_n = nT$，$t_m = (n-1)T$ とすれば，上式は

$$\mathbf{x}(nT) = e^{\mathrm{A}T}\mathbf{x}([n-1]T) + \int_{[n-1]T}^{nT} e^{\mathrm{A}(nT-\eta)}\mathrm{B}u(\eta)\,d\eta$$

ここで，サンプリング周期 T が十分短く設定されていて，T の間では u の値の変化をほとんど無視できるものとすれば，u を右辺第 2 項の積分の外に出すことができ

$$\mathbf{x}(nT) = e^{\mathrm{A}T}\mathbf{x}([n-1]T) + \int_{[n-1]T}^{nT} e^{\mathrm{A}(nT-\eta)}\mathrm{B}\,d\eta \cdot u([n-1]T)$$

右辺第 2 項の $u([n-1]T)$ の係数にあたる積分の積分変数を次のように変換します。

$$\xi = \eta - [n-1]T$$

この変換にともなって，$\eta = [n-1]T \sim nT$ であった積分範囲は

$$\xi = 0 \sim T$$

に変わります。また，$d\xi = d\eta$ ですので，上の式は

$$\mathbf{x}(nT) = e^{\mathrm{A}T}\mathbf{x}([n-1]T) + \int_0^T e^{\mathrm{A}(T-\xi)}\mathrm{B}\,d\xi \cdot u([n-1]T)$$

となります。ここで

$$\mathrm{A_D} = e^{\mathrm{A}T}\,;\ \mathrm{B_D} = \int_0^T e^{\mathrm{A}(T-\xi)}\mathrm{B}\,d\xi$$

と表記すれば，

$$\mathrm{x}(nT) = \mathrm{A_D}\mathrm{x}([n-1]T) + \mathrm{B_D}u([n-1]T)$$

となります。$\mathbf{x}\,(nT)$ を簡潔に $\mathbf{x}(n)$ と表記し直せば

$$\mathrm{x}(n) = \mathrm{A_D}\mathrm{x}(n-1) + \mathrm{B_D}u(n-1)$$

となる差分方程式にたどり着きます。

よって，$\dot{\mathbf{x}}(t) = \mathbf{A}\mathbf{x}(t) + \mathbf{B}u(t)$ と表される 1 階の微分方程式に対応する 1 次の差分方程式が

$$\mathrm{x}(n) = \mathrm{A_D}\mathrm{x}(n-1) + \mathrm{B_D}u(n-1)$$

の形となること，またこの場合の差分方程式における係数 $\mathbf{A}_\mathrm{D}$，$\mathbf{B}_\mathrm{D}$ と微分方程式における係数 $\mathbf{A}$，$\mathbf{B}$ の関係は

$$\mathrm{A_D} = e^{\mathrm{A}T}\ ;\ \mathrm{B_D} = \int_0^T e^{\mathrm{A}(T-\xi)}\mathrm{B}\,d\xi$$

であることが分かりました。

ただし，繰り返しますが，係数 $\mathbf{B}_\mathrm{D}$ に関しては，〔入力 u の変動が無視できるほど，サンプリング周期 T は小さい〕とする仮定に基づいた結果です。

7-7　差分方程式の表現

前節において，離散時間系の挙動は以下の差分方程式によって表されることを確認しました。

$$\mathrm{x}(n) = \mathrm{A_D}\mathrm{x}(n-1) + \mathrm{B_D}u(n-1)$$

ここから，さらに観測方程式

$$\mathrm{y}(n) = \mathrm{C}\mathrm{x}(n) + \mathrm{D}u(n)$$

を加えると，離散時間系における「システム方程式」が構築されます。

以上の観測方程式は一般的なかたちですが，

$$\mathrm{y}(n) = \mathrm{C}\mathrm{x}(n)$$

と表し得ることもしばしばです。

以下では，表記を簡潔にする目的で，$\mathbf{A_D} \to \mathbf{A}$，$\mathbf{B_D} \to \mathbf{B}$ とします。

ここで，まず各時刻における状態ベクトルを具体的に書き出してみます。

$$\mathbf{x}(1) = \mathrm{A}\mathbf{x}(0) + \mathrm{B}u(0)$$
$$\mathbf{x}(2) = \mathrm{A}\mathbf{x}(1) + \mathrm{B}u(1) = \mathrm{A}[\mathrm{A}\mathbf{x}(0) + \mathrm{B}u(0)] + \mathrm{B}u(1)$$
$$= \mathrm{A}^2\mathbf{x}(0) + \mathrm{AB}u(0) + \mathrm{B}u(1)$$
$$\mathbf{x}(3) = \mathrm{A}\mathbf{x}(2) + \mathrm{B}u(2) = \mathrm{A}[\mathrm{A}^2 x(0) + \mathrm{AB}u(0) + \mathrm{B}u(1)] + \mathrm{B}u(2)$$
$$= \mathrm{A}^3 x(0) + \mathrm{A}^2\mathrm{B}u(0) + \mathrm{AB}u(1) + \mathrm{B}u(2)$$
$$\cdots\cdots\cdots\cdots\cdots\cdots$$
$$\mathbf{x}(n-1) = \mathrm{A}^{n-1}\mathbf{x}(0) + \mathrm{A}^{n-2}\mathrm{B}u(0) + \mathrm{A}^{n-3}\mathrm{B}u(1) + \cdots + \mathrm{B}u(n-2) \qquad (7.7.1)$$

となります。

ここで，「出力」$\mathbf{y}(\mathrm{n})$ を

$$\mathbf{y}(n) = \mathrm{C}\mathbf{x}(n) + \mathrm{D}u(n) = \mathrm{CA}\mathbf{x}(n-1) + \mathrm{CB}u(n-1) + \mathrm{D}u(n)$$

と表して，式(7.7.1)の $\mathbf{x}(n-1)$ の関係を代入すると

$$\mathbf{y}(n) = \mathrm{CA}^n\mathbf{x}(0) + \mathrm{CA}^{n-1}\mathrm{B}u(0) + \cdots + \mathrm{CAB}u(n-2) + \mathrm{CB}u(n-1) + \mathrm{D}u(n)$$

入力 u の順序を逆にして表せば

$$\mathbf{y}(n) = \mathrm{D}u(n) + \mathrm{CB}u(n-1) + \mathrm{CAB}u(n-2) + \cdots + \mathrm{CA}^{n-1}\mathrm{B}u(0) + \mathrm{CA}^n\mathbf{x}(0)$$

が得られます。この結果は, $t = nT$ における出力を, 入力の時系列, $u(0), u(1)\ \cdots\ u(n)$, の足し合せによって表す時の，重み係数の設定法を示しています。

上の結果を

$$\mathbf{y}(n) = \mathbf{g}_0 u(n) + \mathbf{g}_1 u(n-1) + \mathbf{g}_2 u(n-2) + \cdots + \mathbf{g}_n u(0) + \mathrm{CA}^n\mathbf{x}(0)$$

と表記します。

初期値 $\mathbf{x}(0)$ が 0 ならば

$$\mathbf{y}(n) = \mathbf{g}_0 u(n) + \mathbf{g}_1 u(n-1) + \cdots + \mathbf{g}_{n-1} u(1) + \mathbf{g}_n u(0)$$

と表せるので，結局,

$$\mathbf{g}_0 = \mathrm{D};\ \ \mathbf{g}_1 = \mathrm{CB};\ \ \mathbf{g}_2 = \mathrm{CAB};\ \cdots;\ \ \mathbf{g}_{n-1} = \mathrm{CA}^{n-2}\mathrm{B};\ \ \mathbf{g}_n = \mathrm{CA}^{n-1}\mathrm{B}$$

の関係にあることが分かります。

この $\mathbf{g}_n$ を z-変換すれば，パルス伝達関数が得られます。

$$\mathrm{G}(z) = \sum_{n=0}^{\infty} \mathbf{g}_n z^{-n} = \mathrm{D} + \sum_{n=1}^{\infty} \mathrm{CA}^{n-1}\mathrm{B} z^{-n} = \mathrm{D} + \mathrm{C}(\mathrm{I} - z^{-1}\mathrm{A})^{-1} z^{-1}\mathrm{B} = \mathrm{D} + \mathrm{C}(z\mathrm{I} - \mathrm{A})^{-1}\mathrm{B}$$

一方，はじめの差分方程式に遅延演算子を導入して

$$\mathbf{x}(n) = \mathrm{A}q^{-1}\mathbf{x}(n) + \mathrm{B}q^{-1}u(n)$$

$$(1-q^{-1}\mathbf{A})\mathbf{x}(n)=q^{-1}\mathbf{B}u(n)$$

$$\mathbf{x}(n)=(\mathbf{I}-q^{-1}\mathbf{A})^{-1}q^{-1}\mathbf{B}u(n)\ =(q\mathbf{I}-\mathbf{A})^{-1}\mathbf{B}u(n)$$

q を z に置き換えても，z-変換が得られますので

$$\mathbf{x}(z)=(z\mathbf{I}-\mathbf{A})^{-1}\mathbf{B}u(z)\ \ \therefore\ \ \mathbf{y}(z)=\mathbf{C}\mathbf{x}(z)+\mathbf{D}u(z)$$

$$\therefore \mathbf{y}(z)=\mathbf{C}(z\mathbf{I}-\mathbf{A})^{-1}\mathbf{B}u(z)+\mathbf{D}u(z) \therefore \mathbf{G}(z)=\frac{\mathbf{y}(z)}{u(z)}=\mathbf{C}(z\mathbf{I}-\mathbf{A})^{-1}\mathbf{B}+\mathbf{D}$$

となって，同様のパルス伝達関数に行きつきます。

上の表示では，z-変換したときに小文字から大文字に表記を変えることはしていませんが，パルス応答関数に相当する〔**g** の z-変換〕の z-変換については **G** に変換しています。ただし，上の議論では，**g** はスカラー入力を想定しているので，ベクトルになります。この **G** は u から **y** への「パルス伝達関数」です。

参考文献

【複素関数】

表 実『キーポイント 複素関数（理工系数学のキーポイント）』岩波書店，1992

R. V. Churchill, J. W. Brown, R. F. Verhey “Complex Variables and Applications (Third Edition),” McGraw-Hill, 1976

【ラプラス変換】

M.R. スピーゲル著，土井 誠訳『ラプラス変換（Theory and Problems of Laplace Transforms）』マグロウヒル好学社，1982

【フーリエ変換】

A. Papoulis “The Fourier Integral and its Applications,” McGraw-Hill, 1962

【不規則振動】

下郷太郎『これだけは知っておきたい 機械屋の確率論』養賢堂，2003

S. H. Crandall, W. D. Mark “Random Vibration in Mechanical Systems, “ Academic Press, 1963

Y. K. Lin “Probabilistic Theory of Structural Dynamics,” Robert E. Krieger Publishing Company, 1976

【動的システム】

示村悦二郎『線形システム解析入門』コロナ社，1987

木村英紀『動的システムの理論』産業図書，1974

【システム同定・離散時間系】

J-N. Juang “Applied System Identification,” Prentice Hall PTR, 2002

【カルマン・フィルター】

M. S. Grewal, A. P. Andrews “Kalman Filtering: Theory and Practice Using MATLAB (Second Edition),” Wiley-Interscience, John Wiley & Sons, 2001

片山 徹『応用カルマンフィルタ（第 8 刷）』朝倉書店，1991

索　引

あとがき

本書は，著者が早稲田大学において長年にわたって担当してきた 2 つの講義内容，「建築数学 A」と「構造システム制御特論」を中心にまとめたものです。

前者の「建築数学 A」では，学部 2 年生を対象として，複素関数・フーリエ変換・ラプラス変換を講義してきました。また，後者の「構造システム制御特論」においては，大学院生を対象として，現代制御理論のベースともなっている不規則振動から始めて，最適制御，そして建築構造物の地震応答制御まで，構造制御あるいは応答制御と呼ばれる分野の基礎的事項（Fundamentals）を講義してきました。

後者の講義においては，前者の内容が頻繁に応用されることになるので，一冊で両者をカバーするものを書きたいという思いをずっともっていましたが，完成がのびのびになってしまい，結局，著者の定年退職を記念するかたちの出版になりました。

出版にあたっては，鹿島出版会の久保田昭子さんと校閲の服部宏さんに種々助けていただきました。記して，感謝を申し上げます。

2020 年 3 月

西谷 章

著者略歴

西谷 章（にしたに・あきら）

1950 年　東京に生まれる

1973 年　早稲田大学理工学部建築学科卒業

1975 年　同大学院修士課程修了

1980 年　コロンビア大学大学院博士課程修了

1993 年　早稲田大学教授

2000 年　同大学 特任研究教授

Ph.D.（コロンビア大学），工学博士（早稲田大学）

主な著書に『鉄筋コンクリート構造入門［改訂 2 版］』（鹿島出版会）2012 年,『初学者のための新・建築構造入門』（鹿島出版会）2000 年,『すぐにわかる構造力学』（鹿島出版会）2004 年,『力と変形の構造力学』（彰国社）2010 年。

国際構造制御モニタリング学会副会長，日本地震工学会副会長，Jouranal of Vibration and Control・Associate Editor などを歴任。

［入門《にゅうもん》］複素《ふくそ》関数《かんすう》・フーリエ変換《へんかん》・ラプラス変換《へんかん》

建築工学《けんちくこうがく》への数学《すうがく》

2020 年 5 月 15 日　第 1 刷発行

著　者　　西《にし》谷《たに》　章《あきら》

発行者　　坪内　文生

発行所　　鹿島出版会

〒104-0028　東京都中央区八重洲 2-5-14
電話 03-6202-5200　振替 00160-2-180883

印刷・製本　　壮光舎印刷
装丁　　北田雄一郎
DTP　　エムツークリエイト

ISBN 978-4-306-03389-4 C3052

本書の内容に関するご意見・ご感想は下記までお寄せ下さい。
URL: http://www.kajima-publishing.co.jp/
e-mail: info@kajima-publishing.co.jp